微反应心理学

MICROEXPRESSIONS

刘川——编著

中国友谊出版公司

馍
创美工厂

图书在版编目（CIP）数据

微反应心理学 / 刘川编著. -- 北京：中国友谊出版公司，2016.10（2019.4重印）
ISBN 978-7-5057-3881-2

Ⅰ.①微… Ⅱ.①刘… Ⅲ.①心理学－通俗读物 Ⅳ.① B84-069

中国版本图书馆 CIP 数据核字（2016）第 253996 号

书名	微反应心理学
作者	刘 川
出版	中国友谊出版公司
发行	中国友谊出版公司
经销	新华书店
印刷	天津文林印务有限公司
规格	710×1000 毫米 16 开 16 印张 200 千字
版次	2016 年 11 月第 1 版
印次	2019 年 4 月第 4 次印刷
书号	ISBN 978-7-5057-3881-2
定价	36.00 元
地址	北京市朝阳区西坝河南里 17 号楼
邮编	100028
电话	（010）64678009

版权所有，翻版必究
如发现印装质量问题，请与承印厂联系调换

前 言

我们在这世界上生活，几乎醒着的每时每刻，都不可避免地要与他人沟通和交往，而人性，偏偏又是这世界上最复杂的东西！一个人，无论只是想安安稳稳过一生，还是希望能够有所作为、出人头地，读懂人心这门学问，你都不能不掌握。

毋庸置疑，准确地掌握人心，是非绝顶智慧所不能的。你要知道，每个人的内心世界常常很复杂，甚至是矛盾的统一体，有的人外貌温厚和善，行为却骄横傲慢，非利不干；有的人貌似长者，其实确是小人；有的人外貌圆滑，内心则刚直；有的人看似坚贞，实际上疲沓散漫；有的人看上去泰然自若，可他的内心却总是焦躁不安……

是故有人说："人心比海川还要高深，知人比知天还要艰难。"这话虽然有些偏颇，但却从侧面说明了人心的隐蔽性。细微之处见水平，危难之中识真交，关键时刻显胆识。如何在最短的时间内了解一个人，洞察他深藏不露的内心玄机，并采取相应的交往方法，已经成为现实生活中建立人脉、成就事业必备的生存技能。有了知人的生存技能，就可以使你摆脱无所适从的困惑；可以让你具有认清环境和辨别他人的能力，可以使每个人在风云突变之际，让心灵从容地栖息在生命的港湾。

那么，如此才能精准地了解一个人，做到知己知彼呢？方法有很多，但最有效的莫过于读取人体的微反应。人在遇到有效刺激时，几乎无法控制身体和心理上的本能反应，这种不经意间的反应，是人性最自然地流露，最能透露人的真实内心。

同样重要的是，我们在洞察别人微反应的同时，也要学会控制和隐藏自己的微反应，保留自己的底牌，做到攻防结合，这样，才能在社会上站稳脚跟。

真正能够做到这些的人，一定会成为人生的赢家，因为他们十分清楚自己及对方的最终目的，了解对方的动机、意图和心态，以及将要采取的策略，因而能够做到灵活应对、步步为赢。这并不是厚黑学，也不是教人尔虞我诈，只是世事毕竟复杂，害人之心不可有，但防人之心也万万不可无，这是做人的学问，也是保护自己的方式。

目 录

上辑 一瞬间，看透人性里的另一面

第一章 看得明白，办事才不糊涂

识人的关键是保持客观性 / 2

一停，二看，三实践 / 6

读懂初次见面的人很重要 / 9

摸清对方方与圆 / 11

探清对方的深浅 / 13

一瞬间看穿小人 / 14

对付虚伪自大的人 / 16

比聪明的对手更聪明 / 19

对自己要有个客观的认识 / 21

保护好自己的软肋 / 23

第二章 细审德行，方可明辨人之好坏

交朋友先要看品德 / 27
听说话，明辨人心 / 29
口头禅中的心理地图 / 30
看行为，分析人心 / 32
品喜好，判断人心 / 36
从性格特点把握对方本质 / 38
从对方胸怀判断他的前途 / 44
要及时认清对方的私心 / 49
看同舟之人能否共度 / 51
怎样与不同类型对手交手 / 54
认清自私者才能面受其害 / 56

第三章 关注细节，从小处一眼把人看透

抓住本质才能看清人 / 61
别让表象骗了你 / 63
看人不要以点概面 / 65
提好问题才有好答案 / 68
"我只告诉你"是真的吗？ / 72
一眼看明白你的老板 / 73
一眼看清楚你的同事 / 76
一眼看透彻你的员工 / 80
一眼看真切你的朋友 / 83
一眼看分明你的对手 / 86

下辑　三两下，让别人跟着你的节奏走

第一章　动人心扉：让对方从心底悦服你

以情感动人心 / 92

拉近彼此心理距离 / 94

曲径通幽动人心 / 95

夸人夸得恰到好处 / 99

笑是最动人的音符 / 101

眼神也能征服人心 / 105

尽量去考虑别人的感受 / 109

俘获对方的信任感 / 111

甜头要一点一点给 / 112

把小事做成大人情 / 115

用真诚去交换对方的真心 / 118

第二章　恰到好处：掌握分寸才能收放自如

时时把情绪控制在合理处 / 122

遇事稳住心沉住气 / 125

不要太过薄脸皮 / 126

人情练达皆义章 / 127

形圆而可不败也 / 129

夫不争，天下莫能与争 / 131

慎言才可以少祸 / 132

多留心别人的观点 / 134

考察对手的真正意图 / 137

必要时让自己装装糊涂 / 140

朋友还是敌人要分清楚 / 144

交友处世别踏禁区 / 146

同事之间拿捏好距离 / 151

学会应对各种类型同事 / 153

第三章　左右逢源：将自己打造成吸引人的磁石

好人缘是一生的财富 / 157

朋友多了路更好走 / 160

主动和陌生人交往 / 162

学会倾听和提问 / 165

迅速拉近情感距离 / 168

说话要懂得迎合人 / 170

激发彼此间的共鸣 / 172

借助"第三者"增强沟通 / 176

不断扩大自己的交际范围 / 177

赢得领导器重的交际原则 / 180

找到能够扶持自己的贵人 / 184

第四章　高筑壁垒：不做坏人但要防着坏人

让自己着上层"保护色" / 187
认清小人才能防住小人 / 189
小人物也不可轻易得罪 / 192
稳住你也许是为了拿你开涮 / 195
认清"好意"背后的真意 / 197
"甜头"未必都好吃 / 201
远离与见利忘义的人 / 204
有些人笑里藏着刀 / 206
别被装傻的表象欺骗了 / 207

第五章　大众归心：三两下让别人跟着你的节奏走

捏住对手的软肋达成目标 / 211
巧妙磨平谣言的伤痕 / 214
用激将法让对方跟着你走 / 217
挠对方的痒痒肉 / 221
应对最常见的四种人 / 224
驾驭令人头痛的人物 / 226
善于应对不同类型合作者 / 231
委婉地让对方自己明白 / 235
主动认错，让对方自己闭嘴 / 238
退一步，后发制人 / 241
凡事都要给自己留条退路 / 244

MI
CRO-
EXPR
ESS
IONS

上辑
一瞬间，看透人性里的另一面

第一章　看得明白，办事才不糊涂

第二章　细审德行，方可明辨人之好坏

第三章　关注细节，从小处一眼把人看透

第一章　看得明白，办事才不糊涂

以棋为喻，我们的生存与人际关系，犹如与人下棋。在这个棋盘上，如果我们能把握对手的意图，就能赢取主动，进而掌握全局，应对可能发生的变化。其实，能够做到这一点的人，就可以被称为智者。

识人的关键是保持客观性

认识自己需要理性全面，认识别人则更需要公正客观。只有摆正心中的标尺，才能对别人做出客观公正的评价，避免我们在学习阅人智慧的进程中走上歧路。

走上阅人的道路，我们不可避免的要对他人的行为给予各种各样的评价，并在此过程中训练自己积累阅人技巧，学习阅人智慧。

给予评价的过程至关重要，因为我们对别人的评价精准与否，直接影响着我们能否解密识人的玄机，成为阅人高手。因此，我们在评价别人时要特别注意：评价是积极的还是消极的不重要，重要的是一定要精准。要想做出精准的评价，就需要我们在阅人时一定要保持冷静，做到公正客观，不偏不倚。

其实，生在繁杂的社会，身处复杂的人际关系网中，想要做到冷静客观并不容易：对熟人进行评价时，由于包含感情在里面，难免带着我们自身的偏好；即使是面对陌生人，我们给出评价时也往往会受到外界因素的影响。

但这并不是说我们对此就无计可施，如果我们对下面提到的几点格外注意，并按照其中给出的方法去做，相信我们再评价人时，就会更加客观了。

（1）别让感情亲疏误导了你

《韩非子·说难》中有篇智子疑邻的成语典故，大意是说，一场大雨过后，有一家人的院墙被浇坏了。主人的儿子出来提议，说要小心提防，夜里可能会有小偷光顾。有位邻居也好心地出来提醒，说要做好准备，防范有人会在夜里来偷盗。可是主人没有听取他们的建议。不料当天晚上，这户人家果然失窃了，这时主人才后悔莫及。然而，在主人看来，儿子想到夜里可能有人要来偷盗，是聪明机警的表现；而对于邻居也过来提醒这件事，在这家主人看来，这位邻居则是可疑的，他有可能心存别的目的。从这个故事中我们可以看到，虽然自己的儿子与邻人说的是同样的话，可是在主人听来意义却不同，因此才有截然不同的反应。之所以出现这样的差别，就是感情亲疏关系在作怪，它误导了主人对他人的评价。俯察自观，生活中的我们其实也像故事中的主人一样，常常受到感情亲疏关系的影响。我们对亲人、好朋友的评价往往用过多的积极词汇，而对我们的竞争对手、和我们有过节的人评价中往往负面因素居多。这时我们心中评价人的标尺就已经倾斜了，对人做出的评价当然不够客观，也会影响我们阅人之术的养成。

因此，在阅人时，我们一定要保持清醒，摆脱感情关系的束缚，把人们放到平等的位置上，冷静客观的进行分析，做出公正的评价。

（2）个人的喜恶要不得

每个人都有自己的喜恶，俗语"萝卜青菜，各有所爱"说的就是这个道理，这就像是世界上没有两片完全相同的树叶，而每个人都有自己独特的性格一样属于正常现象。小艺从小就喜欢安静，善于思考，是个聪明娴静的女孩子。她不喜欢热闹的气氛，也因此很不喜欢那些爱制造热闹气氛的活跃分子。在她看来，那些性格活泼爱热闹的人往往都不可靠，无法高效地将工作做好。因此，在公司欲安排她与另一位很活泼、爱凑热闹的同事小兰一起完成一项很有挑战性的任务时，她觉得很为难，她认为与这样的人合作不会很好地完成任务，而如果任务失败将对自己在同事和领导心中的形象有影响。因此虽然不愿意失去这次表现的机会，考虑到可能出现的不良后果，她还是选择放弃了。于是领导把这份任务交给了小兰和另外一个同样很活跃的同事，结果不久之后，两位同事就把任务出色地完成了。这让她大为惊讶，对自己的判断产生了怀疑，同时也很懊悔自己当初没有抓住机会。故事中的小艺正是由于自己的喜恶作怪，在评价人时加上了个人情感，没有客观公正地对人做出精准的评价，才导致自己不能准确阅人识人。由此可见，在阅人识人过程中，不能带有个人的喜恶。

我们要成为阅人高手，就必须控制好自己的个人情感，在阅人过程中，尽量理智看人，公正对人，客观读人，这样才能得出精准的评价，带有偏见色彩的个人喜恶千万要不得。

（3）不要被舆论力量误导

初到新的生活环境，我们所了解到的关于这个新环境的各种信息中，有很大部分是从别人的口中得到的。而这些从别人口中得来的信息的可信度往往是不同的，有的是客观的介绍，而有的却加上了介绍人的个人情感。

如果别人只是客观介绍事实，这固然是给了初来乍到的我们很大的帮助，但是如果他们的介绍中包含了个人情感，而我们又全盘接受了这些信息，那么我们很可能就在这些舆论的作用下不知不觉地戴上了"有色眼镜"。小安刚刚进入一家公司工作，对工作流程，人员分配，各位同事及老板的性格等一无所知。还好有位热心的同事主动给她讲解工作中各个环节的操作，并介绍各位同事及老板的性格特点。

从这位热心的同事口中，小安得知自己要做的工作其实十分辛苦，并且老板人很挑剔苛刻。在对同事感激之余，也难免会有些失落：自己经过层层面试考核，好不容易得到这份工作，没想到竟是这样子。但是再一想，情况未必像同事介绍的那么严重，再说自己好不容易应聘成功了，就先努力做好本职工作吧，其他的事情过一段时间再做打算。

然而工作一段时间后，细心的小安发现，工作其实并没有同事描述的那么辛苦，只是稍微有些烦琐，这对于耐心做事的小安来说，并不是太难应付的事；同事给予良好评价的人多是她工作中的好朋友，而那些评价不高的，恰是平时与她关系不是很和谐的人；老板也不像那位同事说的那样挑剔苛刻，只是做事有些古板，不轻易夸奖人而已。多亏小安细心谨慎，有自己的主见，才没有受到同事的影响，正确认识了自己的工作以及老板。我们也应该多学习小安，在舆论面前保持冷静客观，分清哪些是客观可信的，哪些是带有个人情感，需要自己主观判断的。对于带有个人情感的信息，要留心观察思考，做出自己的判断，切勿戴上"有色眼镜"看人。

以上提到的是尤其需要我们冷静分析，保持客观态度的三种情况。其实，先入为主的印象，思维定式的影响，都会影响到我们对他人的判断，因此我们要擦亮双眼，多训练自己，看人时一定要保持公正客观的态度。

一停，二看，三实践

渔夫垂钓，需要三尺鱼竿；舞者曼妙的演出，需要台下的勤学苦练；学子金榜题名，需要十年的寒窗苦读；瞩目的新发明，需要无数次的反复试验。世间万物都有一个准备积淀的过程，学习阅人的技巧，掌握阅人的智慧也不例外。

军事家常说："不打无准备之仗"，只有事先做足准备，才能让事情顺利进行，马到成功。学习阅人的智慧也是如此，需要我们事前做好准备，这样才能够快速准确掌握阅人的技巧，在学习的过程中少走弯路。小王刚刚大学毕业步入社会，开始面对形形色色的人。在与各种不同的人相处中，小王觉得力不从心，因为他渐渐发现与不同的人打交道时因为人性格的不同需要采取不同的方式，这让他意识到社会中的人际交往不再像过去与老师同学的交往那么简单。于是，小王开始尝试通过了解不同人的性格特征来减少人际关系中的压力，提高自己的人际交往能力。他看了很多关于心理学方面的书籍，然后把书中的理论直接应用到人际交往中。然而，令他失望的是，他并没有得到想象中的效果，反而更加迷惑不解。因为他发现，当他按照书中的指导进行人际交往时，实际情况与他预料中的结果往往不一样。比如，当他与别人交流时，他很希望能够增进对对方的了解，就用书中指导的方式去与人交流，却发现每次交流过后，他不但没有得到预期的效果，没能从别人那里得到什么自己想要的信息，反而不自觉的透露了很多自己的信息。经过一段时间的实践，他发觉到自己的交往能力并没有提高，实际情况离他想要的结果越来越远。他很苦恼，不知道自己到底是差在哪里，更不知道到底应该怎样做才能实现自己的目标。从小王的例子我们看到，小王虽然很想通过了解不同人的性格特征来提高自己的人际交往能力，也通过学习心理学知识做了很大的努力，但是却没有达到自己想要的效果，他在阅人识人方面仍然不得要领。事实上，他是因为没有做好充分的准备才使得自己的努力没有回报。小王的经历启示我们：想要阅人识人，成为阅人神探，一定要做好充足的准备工作。不然的话，即使付出了努力，也不会有相应的回报。因此，当我们打定主意要学习阅人的智慧时，就一定要注意做好充分的准备，这样才不至于像小王那样走上弯路，不得要领。

你也许会问，我们究竟需要怎样做，做到什么程度，才算是准备好了呢？看看下面几点，并按照上面所说的去做，循序渐进，步步为营，那么，我们的准备工作就大功告成了。为了方便记忆，我们可以记住这样一句要诀：一停二看三实践，抓住机会多训练。

一停，是指我们要停下自己的浮躁之心，将自己融入到人群当中，尽可能地同各种各样的人接触交往，只有这样，才能有更多的机会了解不同的人，积累阅人方面的经验。如果我们总是独来独往，拒绝与人交流，那么必定会缺乏经验。在生活和工作中，遇到不得已的情况与人交往时，难免会处处碰壁，无法适应与各种不同的人打交道。碰壁的结果会使我们更加不愿与人交流，长此下去，就会形成恶性循环，对于我们的人际关系十分不利。因此，我们一定要鼓励自己多到人群中去，尽可能的与人交流，为学习阅人的智慧，掌握阅人的技巧做好初步的准备。

二看，是指我们要静下心来，在与人交往时，仔细察看，用心倾听，一定不要吝惜我们的耐心与汗水。在看的过程中我们要特别注意：对待看到的对象，我们必须看在眼里，记在心里。如果我们只是视而不见，充耳不闻，没有用心思考分析，那么即使我们看得再多，听得再真，也只是做了无用功，对掌握阅人智慧、提升阅人能力毫无用处。因此这里所说的看，是指我们不仅要用眼睛看，也要用心去看。

三实践，意思是我们要在融入人群，多听多看的基础上，抓住机会多多实践。在与人交流时，要想办法让对方对我们敞开心扉，为我们提供更多的信息。然后我们就可以根据自己的需要汲取有用的部分，并对各种不同类别的人以及不同类别的信息综合分析，为学习阅人技巧，掌握阅人智慧积累充足、可靠的素材。

只要我们用心学习这三个步骤，把它们运用到我们日常生活当中去，那么当我们在实践中学习阅人的技巧和智慧时就会变得轻松许多，避免在阅人的过程中遇到麻烦。

总而言之，我们要知道：学习阅人智慧与其他事情的成功一样都不是一蹴而就的，需要我们耐心认真地做好准备工作。想要阅人识人，成为阅人神探，就一定要在日常生活中尽可能多地与不同人交往，用心观察，仔细分析，并在不断地实践中积累经验，为掌握阅人技巧做好充足的准备。

读懂初次见面的人很重要

看穿别人的心,特别是看穿初次相识的陌生人的心,说难也不难。再高明的人,也会在不知不觉中把自己的内心世界暴露出来,只不过暴露的程度、方式有所不同罢了。因此,你应当学会利用自己的眼睛和大脑,通过观察、分析形形色色的表象,抓住问题的实质。

下面介绍几种在第一次见面时如何看穿别人心灵的方法。

(1)从他打招呼的方式看他的内心

即使是一个看似简单的打招呼,也能给你制造了解对方内心的机会。你可以看看,以下列举的外在表现与所分析的内心世界是否一致。当然这种分析总会有一些例外,但大体上应该是准确的。

一面注视对方,一面行礼的人,对对方怀有警戒之心,同时也怀有想占尽优势的欲望。

凡是不敢抬头仰视对方的人,大部分都是内心怀有自卑感的。

(2)从他的眼睛窥视他的心灵

初次见面的时候,首先将视线朝左右瞄射者,表示他已经占据优势。

有些人一旦被别人注视的时候,会忽然将视线躲开。这些人大体上都怀有自卑感,或有相形见绌的感受。

抬起眼皮仰视对方的人,无疑是怀有尊敬或信赖对方的意思。

将视线落下来看着对方，乃表示他有意对对方保持自己的威严。

无法将视线集中于对方身上，很快地收回自己的视线的人，大多属于内向性格者。

视线朝左右活动得很厉害，这表示他在展开频繁的思考活动。

（3）从他的举动看他的潜台词

人的一举一动，特别是下意识的形体动作，也能向你泄密：

交臂的姿势表示保护自己的意思，同样地，这种动作也能表示可以随时反击的意思。

举手敲敲自己的脑袋，或用手摸着头顶，即表示正在思考的意思。

摸头的手震动得很厉害，即表示全心全力在思考的情况。

用双手支撑着下腭，大多数的情况都表示正在茫然的思考中。

用拳头击手掌，或者把手指折曲得卡卡作响，就表示要威吓对方，而不是在进行思考的活动。

（4）从他的习惯看他的特性

搔弄头发的习惯，是一种神经质。凡是涉及有关自己的事情时，他们马上会显得特别敏感。

一面说话，一面拉着头发的女性，大体上是很任性的女人。

说话时常常用手掩住自己嘴巴的女人，是有意要吸引对方。

拿手托腮成癖的人，即表示要掩盖自己的弱点。

不断摇晃身体，乃是焦灼的表现，这是为了要解除紧张而表现出来的动作。

双足不断交叉后分开，这种习惯表示不稳定。如果女性具有这一习惯时，就表示她对某位男性怀有强烈的关心之意。

摸清对方方与圆

每个人处世态度和性格各有不同,就像方和圆一样各有差异。方型人格者做事讲原则,有规有矩;圆型人格者做事很灵活,圆通周到,二者各有优点,需要区别运用。

圆型人格能根据时势的发展,不断调整自己与客观时势的关系,因时调整自己的人生态度、处世方式、意志规范与情感流向。这种人格样式所追求的,是圆转无碍的人生境界。它见之于一般人际关系,则八面玲珑;见之于官场竞争,则左右逢源;待人接物,力求面面俱到;表现在文章语言上,又努力在逻辑上做到天衣无缝,简直无可挑剔。因而倘然搞起阴谋来,可能也会两面三刀,不露声色。这种人格的内核是"韧"。其目的是既定而不可更改的,但又认为为了达到某 人生目的、方式方法途径又应是多种多样、绝对灵活的。其原则也不是没有的,但又坚信最终原则的实现必须以灵活运用多种方式、手段为保证。这是一种具有一定方向的流动型人格,其流动的轨迹是曲线,是圆,是回旋与曲折,其处世哲学是"识时务者为俊杰"。

与圆型人格相对应的是方型人格。特征是循时而不变。就是说尽管时势向前运行了,人却不认为调整自己的行为与客观时势之间的关系是必要的、合时宜的。这并不等于说有这种人格的人无视时间的运行,而是他们坚信能够"以不变应万变",他们认为面对万变的时势,最佳的人生选择是"不变",从而觉得不必随时调整自己的情感方式、意志取向、人生态度与处世哲学。这种人格样式尤其注重人生与人格的原则,原则是不可改变的,认为人生的总目标与策略之间是重合的。持有这一方型人格的人处理一般人际关系,有棱有角;处理政治问题,毫不妥协,其心理机制是重理轻情。其主要特点是刚烈。因而,如果说《周易》本文中所写到的殷代三贤之一的箕子,在商纣淫威之下佯装发疯、自晦其明是一种圆型人格的话,那么,后世所谓苏武持节、包公铁面则表现为方型人格。越王勾践的卧薪尝胆与文天祥的大义正气是两个不同人格的政治表现。相对而言,方型人格是一种静止型人格,它的思维,意志和情感流向是直线型的,其境界重在刚正不阿。

人们比较推崇的是方型人格,流传至今的"敢做南包公,羞为甘草剂"这一句话就说明了这一点。人们所推重的是光明正大的人格,具有大地般坦荡而博大的人格,同时也称赞如大地一般有内涵、含蓄、谦逊而儒雅的人格。

这种分析当然不是由此贬低圆型人格的积极因素,也并非无视方型人格的消极因素。实际上,方型人格也是很有缺陷的,它固然一般不与阴谋相联系,然而倘要搞起"阴谋"来,也会是非常严厉的。

探清对方的深浅

识别一个人往往需要很长的时间，这是因为经生死变化，才知道交情的厚薄；经贫富的变化，才知道交情如何；经贵贱的变化，才知道交情的有无。由此说明识别一个人不容易。汲黯和郑庄盛时，众人趋附，宾客十倍，乃其衰，门可罗雀。太史公有感于此，引翟公言以说明人情势利，世态炎凉。

人的所谓"深"，有两种情形。一是深沉。其表现为少言语而守本分，能容人忍事，内外分明，待人处世浑厚而不逞强，不炫耀才华。二是奸深。其表现为缄口不言而心藏杀机，阴作深藏，行为诡秘，双目斜视，说话阴阳怪气。前者是最有道德的贤才，后者是极为险恶的奸人。所以切切不可将二者混淆，等同齐观。

识别人的难处，不在于识别贤和不肖，而在识别虚伪和诚实。这是因为人们内心的差异，和他们的面貌一样，存在千差万别。人的内心比险峻的高山和深邃的江河还危险，内心思想比天还难以捉摸。人们不常这样说吗？真正的聪明人看起来都像是愚笨的样子，这样做的目的是为了麻痹他人。

古人指出，看一个人的才能要分三个阶段，当其幼小时聪敏而又好学，当其壮年时勇猛而又不屈，当其衰老时德高而能谦逊待人，有了这三条，来安定天下，又有什么难处呢？

看一个人在社会上的作为也应该有这样的标准，如果有才能而又以正直为其立身之本，必然会以其才能而为天下大治做出贡献；如果有才能却以奸伪为立身之本，将会由于其担任官职而造成社会混乱，可见有才必须有德，才能造福社会，否则就会祸及黎民，造成大乱。

判断一个正直的臣子的标准是不结党营私。看一个人的才能就要看事情是否办得成功。看人不能仅仅只看其主观意愿，还要看其才干和谋略如何。在战场上驰骋过的骏马虽然拴在食槽上，但一听见催征的鼓角声仍然会嘶叫；久经沙场的老将虽然回还家门，但仍然能够料定战争的形势。可见，老人虽然年纪大，但阅历多，经验丰富，仍有用武之地。

只要是有才能的人，在社会上他的才能会很快表现出来，就像锥子在口袋里它的锋尖会立刻显露出来一样。有才能的人不会长期默默无闻。

贤德之人对有些事是不会做的，所以可以任用而不必怀疑。能干之人是什么事都会干的，所以可以任用却难以驾驭。由此可知，贤者与能者是有区别的。

一瞬间看穿小人

中国历史几千年，小人无时不在，只是小人们的表现有所不同，古代社会中，小人们见利忘义，好造事端，而现代社会中，小人们追逐名利，欺世盗名，这就要求我们要仔细去识别他们。

（1）识小人可以避损害

如果你是领导，下属中出现下列几种小人危害最大：阴结朋党，相互勾结；诽谤贤才，诬陷忠良；专门窥探别人的隐私；出于私心煽动群众；专门寻找利害得失的时机，出卖集体和别人的利益。

例如晋文明皇后，有知人之明，当时钟会虽因才能出众被任用，但文明皇后一眼就识破了钟会的本质，她经常告诉晋帝说："钟会见利忘义，好造事端，宠爱太过，必定叛乱，不可以太过重用。"后来钟会果然造反。

（2）观名气识别伪君子

观察一个人，除了他的外貌以外，还包括印象和名气。有的人名气很大却华而不实，浪得虚名，对这种人就要善于识破他。

过去乡邻中有一富翁病了，让巫师向神祷告，神告诉他说："你若能救活万只生灵，我就替你向大帝请求，去掉你的病，赐予你长寿。"富老头答应说："好。"于是派人到山上寻找，在密林中收罗，在沼泽里架网捕捉，得到鸟兽鱼虾之类的动物一万只，向神报告后就释放了它们。这种自欺欺人、追求虚名的方法被神人所唾弃，因此第二天那富翁就死了。

其实，自欺欺人者，心中哪有什么做人的诚心，他们所喜爱的不过是虚名而已。

（3）观文凭识别庸人

现代小人常常利用各种手段欺世盗名，许多老板常容易犯的一种"观貌"识人的错误就是过于注重文凭。当应试者亮出名牌大学的文凭时，有的老板会因此被震慑住，而对于那些毕业于名不见经传的学校的人往往根本不加考虑。在这个问题上，当老板的需要记住：作为雇主，你将要倚重的是他本人的才能，而不是他所毕业学校的名气。如果一个老板很容易被应试者的文凭所迷惑的话，他往往会失去人才而得到一群庸人。

对付虚伪自大的人

好虚荣的人总是追求片刻的荣耀，而没有其他渴求。自己高傲自大、摆架子，也无非是将"自我"提高起来。那么，只要我们顾全他那可怜的虚荣心，即使他得到的是失败，他也不会认为是件多么了不起的事。如果这种爱虚荣的观念一旦在他的脑海里根深蒂固，他那种渴求人家颂扬的心理简直是迫不及待；只要有人对他颂扬与谄媚，对他来讲简直是不能抵抗的。

这种人因过分地注重、珍视虚荣，养成了一种十分幼稚的习惯。内心既然有过分的虚荣，外部就难免夸夸其谈，其结果必定很糟。因为他在夸耀自己的同时，必然表露出他的种种特殊的弱点。

有些时候，认为自己有些不如人的地方，本来可以很巧妙地隐藏起来，并逐步改正。但是如果既无真才实学，又讲虚荣，这种思想根深蒂固了，那么，这种人不论处在何种负责的岗位，终归是个无用之徒。

有一位寻找职业的店员，来到赫金斯公司办事处主任斯希维勃面前求职。这个店员唯一的不足之处是他经常变换职业，可是，他总也有一大堆的理由去维护自己，为自己辩解，并且他还曾对一低级主管人做过背主求荣的勾当。

斯希维勃知道这位青年的情况，在他的办公室以冷酷不客气的态度接待了他。斯希维勃问道："既然你来求职，那么你能干什么？你想对赫金斯公司做些什么呢？"这位求职者被问住了，回答得相当软弱无力。于是谈话即刻终止。

像这位青年一样，有些人虽能说出维护自己的话，有时候也会引起别人的赞许，然而，他们一遇到真正的困难，马上就不堪一击了。

有的时候，这种人也常常获得别人的信任，因为他们讲起话来，往往耸人听闻，给别人以较深刻的印象，安闲无事的时候颇能博取别人的敬仰和颂扬，尤其是不熟悉他们的人最容易听信。不过，这类人是经不住稍长一点的实际检验的。

汽车制造商高桑斯曾告诉人们一个惨痛的教训，他说："我平生最大的一次失败是碰到一个年长的人，这位年长者善于辞令，巧舌如簧。我不知怎么搞的，一下子把我历来的主张全忘掉了，竟请他做我的雇员和二等助手。可是，一段时间以后我发现这个人一点能力都没有。原来他那流利的口才，全是为求职而练就的，而真的委他以重任，他却无计可施。"

所以，我们无论对任何人，应将他各方面的表现综合起来，一一加以品评、判断，以明了他的真实情况。这样做很有益处。一方面可以免除我们的失望，另一方面也省得他人的不良动机得逞，妨碍我们的事业。

这种类型的人有些是很有发展前途的，只是由于种种原因使他们自觉不如人，相反地表现出一种骄傲的心理思维与活动。对待这类人，补救的法子是什么呢？那就是相信他，对他表示信赖，并在适当的场合给他一点取胜的机会，让他把自己的自信心建立起来。并养成一个好的习惯，以代替那种为满足自己虚荣心而表现出来的盛气凌人的傲慢态度。

大凡高傲自负的人，一般都有一颗纤细的心。因此，他们需要补偿，对待这类人，绝不能简单粗暴，要给他表现自己真实才华的机会，要赞颂他、鼓励他、肯定他。

此外，还有一种自负的人，那就是傲慢骄纵。他无论到什么地方，总是以为"人不如我"。

对待这种人，美国耶鲁大学著名的体育指导麦菲可算经验十足的了。他多次地运用一种法子去操纵这类人。最典型的成功是他使他们获得了某次运动会竞赛冠军。

那次竞赛十分激烈，耶鲁大学队若想获胜，该校的一名运动员必须加入220码的赛跑。就在刚刚结束的一场比赛中他获得了第二，并且与第一名的成绩相差无几。

而这位短跑健将却不顾竞赛的激烈，自命不凡地走出场外，他说他接着参加220码的比赛根本不需火酒涂擦，他有足够的能力击败对手。

赛后另一位体育指导回忆说："麦菲用眼紧紧地盯着他，使他吓得脸色发白，然后用很严厉的言语讽骂他。当时我真不明白麦菲为什么发那么大的火，那些难听的字眼，以前我从未曾听说过。麦菲骂完后将他安排在最后一组的比赛里，赛前这位自命不凡的健将有一肚子道不出的怨气，赛跑时将它全部发泄在自己的脚下，终于获得了良好的成绩，为耶鲁大学赢得第一立下了汗马功劳。"

麦菲的方法，可算得上一个很好的例子了。对这种青年人就应该采用这样的方法。他自以为自己是宇宙的主人翁，而我们必须把他送回到地球上来、送回到现实中来。

其实，从另一个方面讲，自以为其他人都不如自己的人，都将他的骄气潜藏在虚伪的谦和之中。那么，怎样对付这样的人呢？有位名家说得好："有许多人，赞美他不免是件危险的事，因他自命不凡，一经抬高，他就要跌得粉碎。狠狠地批他一顿，也许是良策益方。"

比聪明的对手更聪明

康威尔说："聪颖伶俐的人，往往能把握事实的真正含义，根本不需过多地予以说明。"林肯总统便是这样的人。在林肯讲故事之前，必将对方细心认真地品评一番。对于大多数人，即认为那些故事是很风趣的人，便用讲故事的方法向他们阐述自己的观点、意见或者命令。如果遇到非常聪明的人，林肯总统会因人而异，而采取其他方法。

成功的人往往使用不同的方法，操纵各类不同的人，他们所留意的，便是人们特殊的志趣、需要和各种问题，或者是他们的思维和能力以及他们品行上的特点。

判断一个人是聪明还是愚蠢，看起来相当简单，然而决不能把它当作一桩小事来处理。如果你想驾驭他，这一点就显得相当重要了。

人们的性格各异，而且种类颇多。诚实、勇敢、忠诚、善良这类品性我们常常提起并不时加以讨论。可是有些特点往往容易被忽视，如果对于这些被一般人所忽视的特点我们不加品评，那么你想操纵他、驾驭他并制胜他则是一件十分困难的事情。

一个人在某一阶段的情形究竟如何，这是谁也无法预先说清的。但是无论是何种人，是领袖，还是平民百姓，是大学者，还是一般职员，总有不如人的感觉，在这种时刻他们都急于将自己的身份表露出来，以掩饰自己的恐惧与虚荣。不过，我们所要了解的是：

那个人的虚荣心的性质怎样？其程度的深浅如何？

了解了这些，才能运用不同的策略去激发他、帮助他或制胜他。

被人激动而兴奋、跃跃欲试的人，通常有一种很强的不如别人的感觉。用激将法去满足他们的虚荣心，他们肯定会做那些非常胆大的事情，以一显身手。

用激将法去使用人，只要是属于正当的一类，差不多每一个人都会自觉与不自觉地上钩的。但是，如果我们让他们赤手空拳地与强大的狮子搏斗，他们肯定不会去干。为什么呢？这就叫作审时度势、因人而异。因为赤手空拳的人绝不是狮子的对手。

另外，我们要申明的是：凡确定那个人不能做或者他根本不愿做的事情，即使用激将法也是徒然。反过来，别人认为轻而易举且一定能做的事，即使你不去激他，他也会自动去做。如果他唯恐不如人，并且与大多数人一样，认为自己来做未必成功，在这种情形之下，激将法往往会奏效。

对自己要有个客观的认识

很多时候，想要成为阅人高手的我们会把目光更多的放在别人身上，却忽略了洞悉真实自我的重要性，对自己的阅人能力没有清晰的认识。事实上，如果我们对自己都没有明确的认识，又怎么能更好的了解他人呢？

著名画家保罗·高庚创作生涯中最大、也是极其经典的一幅油画，名字叫作："我们从哪里来？我们是谁？我们到哪里去？"看似简单的三个问句，里面却蕴涵着无尽地探求与思索。

也许我们并不会常常问自己"我是谁？"这个问题。身在凡尘琐事中，每天都在与各种不同的人打交道，我们往往会将注意力过多的投放在他人的身上，而忽视了审视自己的内心世界，没有意识到认清自己的内心对读懂他人心理的重要性。

其实，认识自己尤为重要。古往今来的哲人们，非常重视洞悉自我的重要性。孙子兵法上说："知己知彼，百战不殆"。只有正确认识自己，了解自己的优势与劣势，才能在与人交往时扬长避短，为我们阅人识人省去许多不必要的麻烦。佳佳刚步入职场不久，她很希望能够与同事友好相处，拥有良好的人际关系。她知道言为心声，通过言谈能了解人们多方面信息的道理，于是她尝试主动与大家交流。但是她尝试的结果却往往令她很失望，她并没有获得自己想知道的信息，同时她发现，开始时对她还算友好热情的同事，对她的态度却渐渐变得越来越淡漠，甚至不愿与她交流。在她看来，一般情况下主动热情的人在交往中都是很受欢迎的，为什么自己却得到不一样的结果呢？她不知道自己的问题出在哪里，感到很困惑，于是她找到心理咨询师寻求帮助。经过心理咨询师的指点，她才恍然大悟，原来她性格内向，不善于言谈，不能很好地表达自己的想法，导致不能与人进行流畅、愉快的沟通，因此别人不愿与她交流。同时由于她对大多数人感兴趣的话题不够了解，在交谈时，或者是只说些自己感兴趣而对方却没兴趣的话题，或者是只能听对方谈论他们的话题而自己却插不上嘴，因此，人们会觉得和她没什么共同语言，也自然就不愿与她过多的交流了。通过佳佳的例子我们可以看到，她就是因为没有好好地洞悉真实自我，才在交往中遇到了麻烦。她想通过言谈来了解人们多方面的信息这个出发点是正确的，但是却没有认清自己的不足，不懂得扬长避短，所以才导致自己与人交往失败，无法达到阅人的目的。因此，在我们想要与人交往来达到我们阅人的目的时，一定要记得先充分了解自己的优缺点，在交往中扬长避短，这样才能顺利达到我们的目标。

要洞悉真实的自我，我们就一定要抽出时间多多反省思考，通过对自己进行剖析，了解自己的优缺点，这样才能发扬自己的优势，弥补自己的不足。事实上，如果我们想知道自己的模样，那我们可以简单地通过照镜子来实现，可是若想认识自己的内心世界，真正认识到自身的优点和缺点，却并不容易：自卑者往往很难发现自己的优点和长处，而自负者常常看不到自己的缺点和不足。因此，我们在认识自己的过程中，一定要注意深刻剖析自己，不能对自己手下留情，尽量客观真实地评价自己的优势与劣势，这样才能准确地洞悉自己真实的内心世界。

我们可以通过审视自己内心，洞悉自我的过程找到自己的优势与劣势，从而做到扬长避短，为交流省去许多麻烦。同时，这也是一个练习阅人本领的机会，能够为我们阅人积累经验。

阅人是需要一定的阅历和经验的，而这种阅历和经验需要我们在人生旅途中不断地洞悉真实的自我，只有先从自己开始，不断演习，不断努力，才能在最终实现自己的目标，将自己训练成为真正的阅人高手。这样，即使是戴上了朦胧的墨镜，也能够清楚地觉察到对方身上每一个代表自己心理的细节。

综上所述，我们要阅读他人，首先就要不断洞悉真实的自我，完善自我。对于自己的优点和长处，就要积极发挥利用，以便提升自己的阅人能力，向成为阅人高手的目标进军；对于劣势和不足，就要想办法改进，避免它们成为我们阅人道路上的障碍，为达到成为阅人高手的目标清除阻力。同时，通过对真实自我的洞悉过程，不断地在自己身上练习阅人的本领，积累自己阅人方面的经验，使自己快速掌握阅人的智慧和技巧。只有这样，我们才能循序渐进，向成为阅人高手的目标迈进。

保护好自己的软肋

金无足赤，人无完人。人总有缺点和弱项，只有认清自己的不足之处，在改进的基础上巧妙地保护好自己的劣势，才能避免它们成为我们阅人道路上的障碍。

我们对自己的阅人能力有了基本的认识，也发现在我们身上总有些劣势和不足。究竟该怎样对待这些劣势和不足，对于想要成为阅人神探的我们尤为重要。

对于那些可以通过努力就可以改进的劣势与不足，我们当然要鞭策自己，努力奋斗，抓住机会有意识地训练自己，提高自己的阅人能力，不懈地学习阅人智慧与技巧。阿喀琉斯是希腊神话中的英雄。他是女神与人类的儿子，半人半神，不能像神一样长生不老。所以，当他还是婴儿时，他的女神母亲就把他浸泡在冥河中，想让他像真正的神一样获得不死之躯。由于他是被母亲捏住脚踵倒浸到冥河水中的，所以他的全身刀枪不入，唯有脚踵处成了他的致命弱点。后来，他参加特洛伊战争，凭借他刀枪不入的身躯和英勇，在战斗中杀敌无数，数次使希腊军反败为胜。但是，阿喀琉斯脚踵处的弱点却被对手得知。对方趁着阿喀琉斯在马上作战之时，朝他的脚射出了一支箭。箭头正中阿喀琉斯的脚踵。就这样，一代英雄死在了自己的弱点之下。这就是希腊神话中阿喀琉斯的故事，阿喀琉斯之踵的说法就由此而来，指的是人的致命弱点。在阅人识人的过程中，我们总是无法避免地存在些不足，这些不足就是我们身上的阿喀琉斯之踵。如果我们不去及时发现它们，并巧妙地对它们加以保护，它们就会成为我们交往过程中的绊脚石，阻碍我们成为阅人高手的脚步。因此我们要对自己阅人方面的弱点有所了解，在阅人过程中尽量绕开这些弊端。李成性格比较外向，为人很直率，遇事时常常是不假思索想到什么就说什么。进入职场后，还是保持他率直、喜欢直来直往的个性，常常在同事面前毫不掩饰地就说出自己的喜恶。后来他发现，人们对他不再像以前那样友好，而是渐渐对他敬而远之，除了工作中必要的交往外，不愿再与他有过多的交流。李成觉得很苦恼，自己那么诚心诚意、毫无保留的待人，为什么别人会对自己心有芥蒂，态度冷淡呢？后来他找到自己的好朋友，恳请他为自己指点迷津。通过朋友的评价，他才明白了自己的问题到底在哪里：原来他这种外向、说什么不经大脑的性格容易给人一种不可信赖的感觉，而且口无遮拦的他很容易在无意间得罪人，人们害怕跟他有过多的交往会给自己带来不必要的麻烦，所以只好对他敬而远之。通过李成的例子我们可以发现，在交往中如果不找出自己的阿喀琉斯之踵，避开自己的弱点，就会导致在交往中出现麻烦。我们可以看到，这些弱点在影响人际交往的同时，对我们阅人的过程也是有害无利，阻碍我们成为阅人高手的脚步。

因此在平时的生活中，我们要找出自己的弱点在哪里，然后想办法将它们隐藏起来，为良好的交往和成功的阅人创造有利的条件。我们怎样才能了解自己阅人方面的弱点在哪里呢？不妨从下面两点入手：

自省吾身：通过与自己进行交流，深刻剖析自己，反省自己在阅人方面的不足，我们会意外地发现原来自己有些地方做得还不够好，需要我们加以改进。这样做的结果会让我们更加清楚地了解自己，达到我们找到自己弱点在哪里的目的。

以人为镜：以人为镜，可以知得失。我们每天都在与不同的人交往，这些人都可以成为我们的明镜，成为我们认识自己的重要资源。我们可以通过在与他人的比较中来认识自己阅人方面的不足；也可以通过亲人朋友对自己的评价来认识自己在阅人方面的弱点，因为他人的评价往往比主观的自省具有更大的客观性，也往往更全面，所谓当局者迷，旁观者清说的就是这个道理。

找到了自己的致命弱点在哪里，我们就完成了基本的一步，接下来我们就该想办法做好下一步，也是关键的一步：在交往中，巧妙的保护好自己的阿喀琉斯之踵，为我们的阅人之路扫除障碍，这才是我们找到自己弱点的真正目的。

在交往中，我们究竟该怎样做，才能有效保护好自己的阿喀琉斯之踵呢？记住下面几点建议，肯定会对我们有所帮助：

武装自己。俗话讲：勤能补拙；世上无难事，只怕有心人。即使是在我们不擅长的方面，经过我们的刻苦努力，也一定能够有所进步。因此，我们要对症下药，在生活中根据自己的缺点有意识地锻炼自己，提高交往能力。

转移注意力。生活中，对于可能泄露我们人际交往弱项的事情，我们在交往中要注意尽量避开。如果对方有意无意地涉及这方面，我们可以尝试转移话题，将其注意力转移到别的事物上去，达到我们隐藏自己弱点的目的。

阿喀琉斯之踵人人都会有，我们在交往中也总会有自己的不足之处。我们无法避免它们的存在，却能通过努力使别人看不到它的存在。这样我们就能够很好地保护自己，在交往中游刃有余，为我们阅人识人避免不必要的麻烦。

第二章　细审德行，方可明辨人之好坏

社会错综复杂，各种不确定的因素汇集在一起，无形之中增加了识人的难度。但是，即便是城府再深的人，也有内心外露之时。而内心的外露，最直接的表现形式就是一个的脾气秉性，所以，要想把人看透，不但要观其人，还要看他的德行。

交朋友先要看品德

日本一位商店经理林江健雄曾经说："有些人生来就有与人交往的天性，他们无论对人对己，处世待人，举手投足与言谈行为都很自然得体，毫不费力便能获得他人的注意和喜爱。可有些人便没有这种天赋，他们必须加以努力，才能获得他人的注意和喜爱。但不论是天生的还是努力的，他们的结果无非是博得他人的善意，而那获得善意的种种途径和方法，便是人格的发展。"

法国银行家莱菲斯特没有发家时，因为没找到工作，只好赋闲在家。有一天，他鼓起勇气到一家大银行找董事长求职，可是一见面便被董事长

拒绝了。

他的这种经历已经是第 52 次了。莱菲斯特沮丧地走出银行，不小心被地上的一个大头针扎伤了脚。"谁都跟我作对！"他愤愤地说道。转而他又想，不能再叫它扎伤别人了，就随手把大头针捡了起来。

谁想，莱菲斯特第二天竟收到了银行录用他的通知单。他在激动之余又有些迷惑：不是已被拒绝了吗？

原来，就在他蹲下拾起大头针的瞬间，董事长看在了眼里，董事长根据这件微不足道的小事认为他是个谨慎细致而能为他人着想的人，于是便改变主意雇用了他。

莱菲斯特就在这家银行起步，后来成了法国银行大王。

莱菲斯特的机遇表面上只因拾起一个大头针，看似偶然，但他能在自己落魄之时都保持良好的行为，说明品德情操十分高尚。

那位从细微处见精神的董事长更是一位识人高手，是他发现了莱菲斯特这匹千里马。莱菲斯特之所以能够成功，很大程度上得益于那位董事长识人的独到之处。

只有具备了健全的人格魅力，才能获得人们的喜爱与合作。由此，凡是世间的智者贤人，经常把人格的特征尽力地表现出来。

任何一个人都有自身的优点和缺点，对世界上的任何事物也都要一分为二来区别对待，但这绝不是说，人就没有差别可言，没有办法去区分，因而也就没有办法区别对待使用了。正好相反，人的优点与缺点之大小、多少实在有着很大的差别。有的人有大德有小过因而可谅可用；反之，有的人则是缺大德因而不可信、不可用而必须提防之压制之。识人就要从品德出发，认知他们优劣的所在。

听说话，明辨人心

人们常说："言为心声"。语言是一个人想法、心理的外在表现。因此，语言在有意或无意中体现着人们内心深处的秘密。所以，学会从语言中听音辨意，找到探寻心灵世界的蛛丝马迹，是阅人高手必备的技艺。

在经典名著《红楼梦》中，王熙凤的出场给读者留下了深刻的印象：她的人还没有出现，声音却早就响了起来"我来迟了，不曾迎接远客！"——在当时的场合下，她的话语将她泼辣豪爽的性格淋漓尽致的表现了出来。这也是她得名凤辣子的原因。这生动地说明了人的语言在表现性格中的作用。

正是因为语言和内在性格的关系，自古以来，人们经常通过"闻声识人"来判断这个人的性格及心理特点，也因此有了很多流传至今的故事和相关著述。孔子就曾提到过语言在了解他人内心世界方面的作用。那么，怎样才能通过语言来了解人们的性格呢？下面的几点将会具体说明语言和性格的关系。

说话声音大小体现的性格特征

声音洪亮的人一般充满自信，性格外向。他们性格开朗，善于人际交往。因为他们的言谈很容易给别人留下深刻的印象，所以他们很多人在事业上的发展都颇为成功。

语气轻的人通常小心谨慎，内向稳重。但是，如果一个人在说话时显得精力不足，语调不平稳或是表达不清，很可能反映了这个人过分紧张或是心境悲观。

声音沉稳有力、语速适中的人往往有着很强的控制欲和领导欲，并且拥有极大的信心和勇气。这种人精力旺盛，愿为理想付出努力。因此他们在事业上往往小有成就。

语调抑扬顿挫、富于节奏的人往往有着极强的表现欲。这类人喜欢孤芳自赏。但是这类人一般圆滑善于心计，所以同这类人交往时一定要小心。

说话缓慢低沉的人不易相信别人，总是持怀疑态度，很难相信别人。他们说话时往往一边思考一边表达，因此语速很慢，声音低沉。另外，这类人通常比较执拗，容易自高自大，所以不易相处。

说话声音尖锐的人往往性格古怪。他们的悟性通常比较差，很难把握自己的言行举止。所以不容易给人留下好印象。

口头禅中的心理地图

口头禅是一种说话习惯，不同性格的人往往有着不同的口头禅。口头禅是不同性格的人在说话方式上的反应。因此通过口头禅可以了解不同人的性格特征。

我知道、我明白、我理解。以这类话为口头禅的人往往十分聪明，能够举一反三。他们拥有很强的逻辑能力，反应也十分灵敏，往往能透过说话人的言谈举止领悟到对方的意图。不过，这类人也往往固执，对自己很自信，不愿听别人的劝告。

我要、我想、我不知道。经常说这类话的人往往心地单纯，胸无城府。他们做事的时候往往意气用事，并且平时的情绪不是很稳定，有时让人有一种琢磨不透的感觉。

可能是、也许会、大概是、差不多。以这类话为口头禅的人自我防范意识很强，他们处事老练，懂得含蓄自卫，在待人接物的时候显得很冷静。所以在人际关系方面处理的非常好。这类口头禅有一种以退为进的意味。很多政治人物都喜欢用这类的口头禅。

这个、那个、啊、呀、哦、嗯。喜欢以这些话为口头禅的人有两种：一种人思维反应比较慢，他们在讲话时不懂得理清思路，所以经常使用这些停顿、缓和的词语。另一种人则恰恰相反，这种人做事谨慎，城府较深，他们经常使用这类词语是为了谨慎思考，以防自己说错话。

说真的、老实说、的确、不骗你。常说这类话的人往往缺乏自信，害怕别人不相信自己，所以一再强调事情的真实性。这类人通常有些急躁，希望得到朋友和周围人的认可。不过正因为他们再三强调，反而让人不易相信。

我……经常使用这类口头禅的有两种人：一种人非常软弱，总想求助于他人；另一种人喜欢虚荣浮夸，他们总是想引起别人的注意，所以千方百计地寻找机会表现自己。

你应该、你必须。经常以这类话为口头禅的人，大多比较强势、专制、固执，他们总想别人听命于自己，有着很强的领导欲望。

好啊、是呀、对啊、有道理。经常使用这类话为口头禅的人通常比较圆滑，甚至有些城府。他们用这些话表示出顺从的意思，让别人对他们毫无防范。等到对方信以为真，他们就会根据对方的弱点利用对方，以后用来对付对方。这类人往往看似温顺，但是一旦他们的利益受到威胁，他们就会马上换上另一张嘴脸，和你反目成仇。

据说、听说、听人说、一般来讲。以这类话为口头禅的人通常很圆滑，他们精于人情世故。他们之所以使用这样说话方式，是为了在说话时故意遮掩，处处给自己留出余地。

语言在洞悉他人内心方面的作用是不可忽视的。每个人的语言都有其与众不同的显著特征，都透露着明显的个性信息。如果能在阅人时掌握好"闻声识人、听音辨意"这一技巧，就一定能取得事半功倍的效果。

看行为，分析人心

行为举止是内心世界的一面镜子，从中折射着人们的心理状态。透过行为举止，我们可以清晰的了解人们内心世界的真实风景，洞察隐藏在行为背后的性格秘密。在电影《列宁在一九一八》中，克里姆林宫的卫队长马特维耶夫打入敌人营垒，由于伪装巧妙，没有露出破绽。但有一次，当他突然听到敌人要刺杀列宁的计划时，他却在敌人面前不由自主地站了起来，正因为他下意识的这样一个动作，引起了敌人的怀疑，暴露了他的身份，引起了敌人的追杀。从故事中我们可以看出肢体语言的一个显著特性——深刻的心理表现力。古语有云："身随心动"。行为举止总是在人们不经意间透露出人们的习惯和心理信息，并且与当时的心境有着密切的联系，正是因为下意识的行为，肢体语言往往真实准确地反映着人们的心理状态与性格。因此，看懂肢体语言对洞悉他人性格至关重要。下面就具体看一看在生活中人们看似平常的肢体活动究竟向我们传达了怎样的性格信息。

传达积极信息的肢体动作

在交流中，我们有时并不了解对方的喜好禁忌。只有关注好对方的心理反应，才能摸清对方的心理"底牌"，了解对方的真实想法。

将脖子偏向一边表示舒适、愉快。对人类来说，脖子是人体中非常脆弱的部位，因此，在潜意识里人们总有一种保护它的本能。正应为这样，人们一般不会把脖子暴露给别人。只有人们在舒适愉快的状态下才会把头偏向一边。而在陌生人或是不喜欢的人面前时，人们就不会做出这样的动作。把脖子偏向一边也可以说明对方正饶有兴趣的倾听讲话，并且已经被吸引了全部的注意力。

身体倾斜代表喜欢、感兴趣。如果一个人对另一个人颇有好感，往往会朝对方倾斜过去。这是一种感兴趣的迹象。当人们对他人非常感兴趣的时候，身体会朝前倾斜，而双腿往往会向后缩。如果某人坐着的时候朝向某个人的方向倾斜的话，那意味着他正对那个人表示友好。而当人们不喜欢某人的时候，会感到和对方在一起很乏味，或者很不舒服的时候，身体往往会向后倾斜。

模仿他人的动作表示有好感。要想知道他人是不是对自己印象良好、自己对他人是否有吸引力，只要看看他们是否模仿你的动作就能略知一二了。如果交往的双方彼此模仿对方的肢体语言，那么有可能其中之一或者你们两个人对对方都有好感。模仿他人的意思就是希望和对方一样。

双手抱头表示舒适，有支配感。我们经常可以在办公场合看到这一动作。当一个坐着的人身体后倾，把双手交叉放在后脑时，说明这个人正处在一种非常舒服，并且具有支配感的地位，表示他对自己目前的状态非常满意。

"塔尖式"的手表示自信。这种手势是指把双手张开，将十个手指头对起来，但不是交叉，看起来就像是一个高高的塔尖，所以称为"塔尖式"手势。当一个人做出这样的动作的时候，表示出他非常的胸有成竹，对自己很自信。

传达消极信息的肢体动作

交流中准确把握对方的心理非常重要。每个人在性格上都有不能触碰的"雷区"，如果我们忽略了对方的感受，就很有可能引起双方的不愉快甚至不必要的麻烦。

前后摇晃意味着情绪上的不安。这种动作说明人们正处于不耐烦或者焦虑之中。成年人在心里不安定、不自在或者很焦虑的时候前后摇晃，用这种方法让自己平静下来。

朝前伸的脑袋暗示有敌意。朝前伸的脑袋往往意味着警觉，表示一种迫近的威胁。就像往前伸的下巴一样，这是一种攻击性的动作，暗示对方正准备对眼下的问题采取一种进攻性或者有敌意的方法。

挠头表示困惑和不确定。要不是因为头上不舒服的话，挠头的动作说明某人正感到很困惑、找不到头绪，或是对某事不确定，没有把握。通过这一动作，我们往往可以判断对方说话的真假以及对某件事的态度。

耸肩代表不坦率或是不在乎。当人们耸肩的时候，这意味着他们没有说实话，不坦率，或者根本不在乎，觉得无所谓。正在撒谎的人往往会有快速的耸肩动作。在这种情况下，耸肩不是敌意的，而是下意识里在努力表现得很镇定，但是，实际上并没有达到这种效果。这也是判断人们说话真伪的一种方法。

拇指放进口袋表明不自信、没有安全感。有些人习惯把大拇指放进衣服的口袋里，而剩下的手指则放在衣服外面。做这样动作的人往往感觉不舒服，或是缺乏安全感。这样的动作是一种极度缺乏自信的表现，职位较高的人应该避免这样做。

抚摸颈部表示紧张和压力。有些人会在与人交谈的时候在不经意间时不时地做出抚摸颈部的动作，可是，在手抚过颈部后就迅速地放回原处。当说话人做出这样的动作时，哪怕他说的多么自信，而事实却不是这样。抚摸颈部是一种释放压力的行为，表明当事人内心很不自信。当一个人内心紧张或者感觉有压力的时候，往往会做出这个动作。

搓手表示紧张和不安。我们会经常看到有些人在说话时会做出搓手这一动作，这表明了人内心的不安和紧张。当人们处于被怀疑或者有压力的状态下，经常会用一根手指去摩擦另一只手的手掌。如果情况越来越不利，人们会将双手十指交叉，并上下搓动，这都说明了人们心中的惶恐不安。

用手支住头部暗示厌倦的情绪。这个动作非常常见。在生活中，我们经常见到人们做出用手支住头部的动作。这个动作表明人们已经进入一种厌倦的状态，不想再继续听下去。人们之所以这样做，是为了不让头部低下去或是防止在不知不觉中睡着。

行为是内心世界的一面明镜。人们的心理状态和性格特征常常会在不经意间的肢体动作中体现出来。所以，要想看透人心，捕捉人心最隐秘的想法和变化，就要学会"观其行"，从肢体动作中解密人们的心理密码。

品喜好，判断人心

每个人都有自己的喜好。兴趣爱好和一个人的性格息息相关。因此，要想认清一个人，可以从一个人的爱好着手，通过人们的爱好把握人们的性格。

一位心理学家曾经说过："兴趣是个性的流露"。要想了解他人的脾气秉性，除了通过观察细节、倾听谈吐以及分析行为，我们也可以通过喜好来了解人心。

听"音"识人，音乐中传达出的性格倾向

英国一项调查研究显示，人们的音乐播放器中存放的歌曲正传达着主人的性格信息。在阅人时，我们可以透过对方喜爱的音乐类型，勾画出对方的心理图景。

喜欢古典音乐的人理性、严谨。他们在思考问题时比较缜密，对问题的考虑也比较周全。另外，这种人大都沉默寡言，智商较高。也正因为这样，他们往往内心孤独，因为很少有人能够走进他们的内心世界。

喜欢摇滚乐的人很有表现欲。他们爱出风头，不拘一格，随心所欲。当然，他们有时也会用低调来渲染高调。这类人多少有些愤世嫉俗，他们非常自信，但同时也很自卑。他们往往用自信的外表将自己脆弱的内心保护起来。他们不清楚自己的追求，因此常常感到茫然和不安，需要用节奏感强大的摇滚乐来驱赶内心的诸多情绪。

喜欢流行歌曲的人前卫，积极热情。流行歌曲往往体现了潮流的倾向，喜欢流行歌曲的人喜欢走在时尚的前沿，他们追求简单随性的生活，他们希望自己过的轻松快活，无忧无虑。这类人通常想法简单，性格积极。

喜欢轻音乐的人属于一个非常优秀的族群，其中尤以女性为多。她们有自己的人生目标，知道自己的需求，也非常热爱自己的工作。这类人内心很柔弱，需要他人的关心和照顾。但有趣的是，这类女性往往看起来并不柔弱。和这类人交往时，我们不要给她们太大的压力，否则我们就有可能遭到拒绝，失掉交往机会。

喜欢爵士乐的人感性、崇尚自由。他们通常很感性，多愁善感，考虑问题时总是缺乏理性。在做事时，他们也往往从感觉出发，很少去考虑客观实际。他们不喜欢束缚，喜欢无忧无虑、自由自在的生活。此外，他们讨厌一成不变，喜爱丰富多彩的生活。

喜欢乡村音乐的人通常比较敏感，常常对一些事情倾注过多的关心。他们在为人处世时也很老练，一般不会轻易动怒。他们亲切，温和，易于和人相处，攻击的欲望也不强烈。稳定富足的生活是他们的追求。

喜欢背景音乐的人是想象力一族。他们喜爱幻想，往往有些脱离实际。而现实的生活常常让他们感到失望。然而，他们也很会自我调节，努力让自己重新融入现实生活。这类人的感觉通常很敏锐，第六感强，总能捕捉到别人不善于发现的细节。他们热爱人际交往，总是希望和不同的人成为朋友，很快就能和周围的人打成一片。

从性格特点把握对方本质

通过观察去了解他人是一个良好的途径。观察法是指在特定的环境中，对某个人的各种表现、待人接物等方面进行考察，得出综合印象，再经过自己的分析加工，最后把握其本质特点然后观其本质，而察其为人。这种方法是最易于实行的一种方法。因为它既不需要观察者去亲自接触其观察的对象，也不需要有意安排或预先准备，只需经常与其一起参加活动，能够在各种场合中看到其表现就行了。

很多人认为人际交往能力与性格有关，外向者善于交际，内向者不善交际。这样的说法虽然有欠周密，比如性格内向者也有许多好朋友，性格外向者没有知心朋友这样的例子在现实生活中也不在少数。但是性格的确是影响人际交往最关键的因素。通常情况下，性格外向的人比性格内向的人善于交际，善解人意的人比霸道无理的人更容易交到朋友。

（1）性格热忱的人：最佳伙伴

性格热忱的人不论从事哪种职业，只要充分发挥其性格，便能得到肯定与赞赏。这种性格的人最适合具有挑战性的职业，工作积极又有效率，是典型先锋性格。富有创意、喜爱看到事情的光明面是他们的优点，并且是活在掌声下的人，喜欢受他人肯定。这种人还体贴他人的难处、让他人在工作上更有冲劲，所以有着很好的人缘。不论是上司、同事还是朋友，一旦了解他们，都会被他们的热忱所打动，愿意成为他们的朋友。但是性格热忱的人由于自主性过高、喜爱表现自己，故容易和别人在合作上产生冲突，不利于建立良好的人际关系。这种类型的人，不论是在工作、学习和娱乐中，参与感、掌声与赞美都是他们不可或缺的原动力。

（2）性格细腻的人才：潜在竞争对手

性格细腻的人很重视团体合作，不喜欢抢风头，这是他们的优点。因此，他们通常都有着很好的同事关系。在同事的眼中，他们是温和善良的，不会耍计谋陷害人，因此同事都愿意与他们相处，并且很容易把他们当作自己的知心朋友。但他们有时那慢工出细活的行事作风，不免让性急的同事看不过去，但不会引起同事的厌恶。个性温和的他们常扮演着沉默的角色，没有太多意见及野心，任劳任怨的个性常得到上司的赏识，是一个潜在的竞争对手。温和的他们也不是宰相肚里能撑船的人，细腻性格使得他们对伤害过自己的人往往不能原谅。这种性格的人，不但勤俭也很能为老板精打细算，有着精细的省钱之道。

（3）活泼性格的人：博而不精

性格活泼的人重视整体人际关系，很快便能适应新环境并结交新朋友；办事很有效率，再加上聪明及危机处理的应变能力，所以很讨上司喜欢。这种类型的人天生好奇，对所有的人、事、物都抱有很大的兴趣，喜欢学习各种新东西，对于新上手的工作，也能很快掌握，在公司里扮演通天角色。他们活泼的性格也使得他们经常是聚会和晚会上的灵魂人物，总能够吸引大家的注意。因此，周围的同事或许会忌妒，而与他们疏远，但他们活泼、不记仇甚至黏人的性格又会使得别人不好意思与他们生气，自然他们的人缘也不差了。

（4）谨慎性格的人：心思捉摸不定

谨慎性格的人对工作有高度的稳定性，善于察言观色、尽忠职守、生存力强、懂得上司与同事间的应变进退，并且善于营造和谐气氛，与同事合作性强，是容易相处的同事，又易得到上司赞赏的忠诚下属。

这种性格的人在人际交往中，是很受欢迎的，因为他们既不爱出风头，又不会给人难堪，总是小心翼翼，让周围的人感觉没有杀伤力。并且他们说话总是头头是道，让你不由得不佩服他们的说服力。但是谨慎性格的人，由于不喜欢表露自己的真正情感，他们好像戴着一副假面具，捉摸不定让人心生却步，虽然并不会与人正面冲突，但是周围的人也不愿与他们有过多的交往，所以这种性格的人不容易交到知心朋友。

（5）急躁的性格：重量不重质

这种性格的人天生拥有乐观与幽默感，人际魅力光芒四射，加上要面子，常请大家吃饭，所以在交往中也是很吸引人的。与谨慎性格的人一样，他们也不容易交到知心好友。急躁性格的人通常都有着一种很强的气势，这让他们看起来具有领导者的风范特质。他们在工作中也并非是一位有野心的人，但是他们与同事合作起来冲劲十足、很有效率，并且在工作中会主动分担别人的烦恼，主动学习别人的长处，所以很讨同事喜欢，有着良好的人际关系。

（6）冷静性格的人：零缺点原则

冷静性格的人，做起事来一板一眼均小心翼翼，工作对他们而言是乐趣及成就感的来源，他们行事井然有序得令人佩服，但有时却又少了点变通的弹性，给人个性内向、拘谨的感觉。通常这种性格的人不懂得表达自己的个性，让人有不易相处的印象。加上要求又特别多，令人无所适从。所以在周围的人看来，他们是严格和没有幽默感的，所以大家不愿与他们有过多的相处。其实一旦与他们深交，就会发现他们的内心十分单纯，而且也很善于交谈。这种性格的人交往中的最大障碍是不善于表达自我，不懂得让别人对自我有更多的了解。

（7）好交际性格的人：公关小姐

这种类型的人有极佳的公关手腕，所到之处都能很快与人打成一片，主动是其人际关系的第一步，在诸多性格中可说是独占鳌头，好交际的性格更能博得上司的好印象与赏识。在社交场所中，这种人左右逢源，如鱼得水，通常都是焦点人物。但是他们喜欢舒适的生活，害怕过度出卖劳动力的工作，故常常做事缺乏计划、想的比做得多、散漫、金钱观淡薄，这些均是造成他们晋升的绊脚石，也是让人不喜欢他们的理由。

（8）沉稳性格的人：情报局干员

稳定、内敛、不多言是沉稳性格给人的第一印象，但他们有着对人、事、物敏锐的观察力，缄默时的他们正处于"打量评估期"，所以这种性格的人总能很清楚地对周围的情况做出准确的判断，在任何事情上，都像旁观者一样冷静和客观。这样的性格使得他们对周围的人总能提供一些客观有效的建议，因此在他们身边，总是有一群追随者。他们对工作有着自发性的热爱，并能承受很大的压力，做事的积极与面面俱到、果断令上司极为赞赏；有着情报局干员的本能与精神，能轻易打探各方线索、内幕消息、公司百态，等等。这种性格的人在哪里都是很有能力的人，他们天生就是让别人倾慕的。所以他们的人际关系很广，并且很值得信赖。

（9）浪漫性格的人：没耐心和毅力

浪漫性格的人欠缺耐心，一成不变的工作态度可能会抹杀他们的创意细胞。生性爱热闹、热心、慷慨不计较金钱及随和的个性，使他们的人缘不俗，感觉敏锐且洞察力强，常以开玩笑的方式说出对事情的见解，不容易感到像谨慎性格的人一样的心机，反倒让人觉得平易近人、容易相处。做事勇于突破传统、有魄力，但一遇到挫折会很快打退堂鼓，缺乏愚公移山的恒心与毅力。

（10）固执性格的人：永远不会错

固执性格的人是尽忠职守把分内工作做好的人。他们在专长与技术领域中不断求进步，没有一步登天的投机心理，持有"一分耕耘，一分收获"的态度。具有主见及领导能力，对事物有相当的野心，是标准的工作狂热分子，在诸多性格中，跃居"最负责任感"之冠；而坚忍不屈的毅力是其成功之处。可是，他们优柔寡断、固执己见的缺点可在其知错不改、明知故犯中一览无余。这种性格的人很难接受别人的意见，除非别人比他们优秀。这样的性格特征使得他们的人缘很差，因为他们总是让周围的人很难堪，并且错了也永远不会道歉。因此，他们的人际关系很糟糕，但他们的朋友都是真正理解和关心他们的挚友。

（11）脆弱性格的人：害怕失败

脆弱性格的人有着过人的智慧，工作中有独到的见解，能完整、高效率地分析与策划，对自己有高度的自信与优越感，却又非高傲、冷酷得令人讨厌，但是他们脆弱的性格常常能引发别人的同情心，反而人缘相当不错。冷静、理性、客观、实践力强是他们成功的关键，但却缺乏坚持的能耐，常一碰到挫折就会轻易放弃。最害怕别人看到自己的失败，在他们心中只有"我"永远是最好的。

（12）机警性格的人：明哲保身

察言观色是这种人的优点，明哲保身是其处世态度，他们永远不会主动参与和自己利益有可能冲突的事情，在他们眼中，只有自己是最可宝贵的。这样的人从来也不会得罪别人，甚至对每一个人，他们都一味褒扬和鼓励，所以他们的人缘极好，并且别人对他们的评价也很高。但他们在工作上却缺乏积极主动的个性，散漫的天性偶尔需要压力的鞭策，但空间式的思考模式，很适合于计划性的工作，思考周密，甚至将天马行空的想象力加诸计划中，使计划内容添加不少创意。

俗语说得很有道理："聪明的人十有九懒"，此类性格的人思想敏锐，但不肯动手，最好给他配备合适的助手，协助他去实现他的精思妙想。虽说聪明人多懒惰不堪，但也并不是一无所长。

聪明的人疏懒态主要表现在他不感兴趣的事情上，而对于有兴趣的事而言，他会尽力做得很好。因此，不宜强迫他干他不愿意做或不感兴趣的事情，而应引导他到其兴趣所在处，则事半功倍矣。

这类人的文人倾向较重，由此，如非所愿，所担当的职务一般不宜过长，数年一迁，使之不觉太枯燥乏味，则能调动、改善其积极性，也能避免贪污受贿。

周全性格的人，智慧极高而心极机警，待人则能应付自如，接物则能游刃有余，是交际应酬的高手和行家。这种人是天生的外交家，做国家的外交官或大家豪门的外掌柜，任大公司或大企业的公关先生或公关小姐，都能愉快胜任，其办事能力也很强，往往能独当一面。

从对方胸怀判断他的前途

在一定程度上，一个人能力的大小以及性格的变化取决于他的胸怀与禀性，心胸狭窄、禀性不良的人不能指望他为善，禀性懒的人不能指望他做事勤快。注重道德和品行修养的人不会干凶恶阴险的事，追求公平正直、心无偏私的人，不会伤害朋友。

在职场上，假如能把握好下列12种不同性格的人，学会识别并善用他们，你一定会取得事业上的辉煌成功。

（1）宏阔之人

这种人交友广泛，待人热情，出手阔绰大方，处世圆滑周到，能得到各方面朋友的好感和信任。他们善于揣摩人的心思，投其所好，长于与各方面的人打交道，混迹于各种场合而左右逢源。适合于做业务工作和公关，能打通各方面的关节。

但因所交之人鱼龙混杂，又有点讲义气，往往原则性不强，容易受朋友牵连而身不由己地做错事，很难站在公正的立场上论事情的是非曲直，不适宜矫正社会风气。

（2）雄悍之人

这种人有勇力，但暴躁，认定"两个拳头就是天下"，悻强鲁莽，为人讲义气，敢为朋友两肋插刀，属性情中人。

他们的优点是为人单纯，没有多少回肠弯曲的心机，敢说敢作敢当，有临危不惧的勇气，对自己衷心折服的人言听计从，忠心耿耿，赤胆忠诚，绝不出卖朋友。

缺点是对人不对事，任凭性情做事，因其鲁莽往往会犯下无心之过。

（3）强毅之人

这种人性情硬朗，意志坚定，刚决果断，勇猛顽强，敢于冒险，善于在抗争性的工作中顽强拼搏，阻力越大，个人力量和智慧越能得到淋漓尽致地发挥，属于枭雄豪杰一类的人才。

缺点是易冒进，骄傲于个人的能力。权欲重，有野心，喜欢争功而不能忍。他们有独当一面的才能，也能灵活机动地完成使命，是难得的将才。但一定要注意把握好他们的思想和情绪变化，这可能是他们有所变化的信号。

（4）柔顺之人

这种人性情温和，慈祥善良，亲切和蔼，不摆架子，处世平和稳重，能够照顾到各个方面，待人仁厚忠实，有宽容之德。如柔顺太过，则会逆来顺受，随波逐流，缺乏主见，犹豫观望，不能果决，也不能断大事常因优柔寡断而痛失良机。

因与人为善又可能丧失原则，包容袒护不该纵容的人。在许多情况下，连正确的意见也不能坚持，对上司有随意顺从的倾向。如果刚决果断一些，正确的能极力坚持或争取，大事上把握住方向和原则，以仁为主又不失策略机变，则能团结天下人才共成大事。这就是曾国藩所说的"谦卑含容是贵相"。否则，只是幕僚参谋的人选。

（5）固执之人

这种人立场坚定，直言敢说，也有智谋，可以信赖，行得端，走得正，为人非常正统，不论在思想、道德、饮食、衣着上都落后于社会潮流。有保守的倾向，也比较谨慎，该冒险时不敢，过于固执，死抱住自己认为正确的东西，不肯向对方低头，不擅长权变之术。

这种人是绝对的内当家，是敢于死谏的忠直大臣。

（6）朴实之人

这种人胸怀坦荡，性情忠厚淳朴，没有心机，不善机巧，有质朴无私的优点。但为人过于坦白真诚，心中藏不住事，大口没遮拦，有什么说什么，太显山露水，城府不够，甚至可能被大家当傻瓜看，作为取笑对象。与这种人合作，尽可以放心。

但这种人，办事草率，有时又一味蛮干，不听劝阻，该说的说，不该说的也说。虽说坦诚是为人处世的法则，但一如竹筒倒豆子，少了迂回起伏，也未必是好事。如果能多一份沉稳，多一点耐心，正确运用其诚恳与进退谋略，成就也不小。

（7）好动之人

这种人性格开朗外向，作风光明磊落，志向远大，卓立不群，富有开创精神，凡事都想争前头，不甘落在人后，往往从中产生出莫大的勇气和灵感，不轻言失败，成功欲望强烈，永远希望自己走在成功者的前列。

缺点是好大喜功，急于求成，轻率冒进，如果在勇敢磊落的基础上能深思熟虑、冷静应对，则能取得重大成就。又因为妒忌心强，如果不注重自身修养，会因忌妒而犯错误。如果将忌妒心深藏不露，得不到宣泄，可能致人格偏失到畸形。

（8）沉静之人

这种人性格文静，办事不声不响，作风细致入微，认真执着，有锲而不舍的钻研精神，因此往往成为某一个领域的专家和能手。

缺点是过于沉静而显得行动不够敏捷，凡事三思而后行，抓不住生活中擦肩而过的机会。兴趣不够广泛，除兴趣所在之外，不太关心周边的事物。尽管平常不太爱讲话，但看问题又远又深，只因不愿讲出来，有可能被别人忽略。其实仔细听听他们的意见是有启发的。

（9）辩驳之人

这种人勤于独立思考，所知甚博，脑子转得快，主意多，是出谋划策的好手。

但因博而不精，专一性不够，很难在某一方面做出惊人的成就。不愿循着前人的路子，因此多有标新立异的见解。口辩才能往往也很好，加上懂得多，交谈演讲时往往旁征博引，让人大开眼界。如能再深钻一些，有望成为百科全书式的人物。为人一般比较豁达，因此也能得到上下之士尊敬。

（10）清正之人

这种人清廉端正，洁身自爱，从本性上讲不愿贪小民之财，富有同情心和正义感，因此，看不惯各种腐败而不愿为官，即使为官也是两袖清风，不阿谀奉承，偏激的人甚至辞官不做，去过心清神静的神仙日子。

由于他们原则性极强，一善一恶界限分明，有可能导致拘谨保守，又因耿直而遭奸人嫉恨陷害，难以在政治上取得卓越成就。有狂傲不羁个性的，反而在文学艺术上会有惊人的成就，在那个天地中可以尽情自由地实现他的理想和抱负。

（11）拘谨之人

这种人办事精细，小心谨慎很谦虚，但疑心重顾虑多，往往多谋少成，不敢承担责任，心胸不够宽广。他们驾轻就熟，在力所能及的范围内能很圆满地完成任务。可一旦局面混乱复杂，就可能头昏脑胀而做不出果断、正确的抉择，难以在竞争严酷的环境中生存。

他们生活比较有规律，习惯于井井有条而不愿随便打乱安静平稳的识人术的目的不仅知人，更重要的是在了解其人之后，采取相应的措施去用人。

第二次世界大战时英国著名的蒙哥马利元帅曾经有过这样一段话："我们把军官分成四类，聪明的、愚蠢的、勤快的、懒惰的。每个军官至少具备上述两种品质。那么，聪明而又勤快的人适宜担任高级参谋；愚蠢而又懒惰的人可以被支配着使用；聪明而又懒惰的人适合担任最高指挥；至于愚蠢而又勤快的人，那就危险了，应立即予以开除。"

（12）韬智之人

这种人机智多谋又深藏不露，心中城府深如丘壑，善于权变，反应也快。如果立场不坚定，易成为大奸之人，往往见风使舵，察言观色确定自己的行动路线，智谋多变。如果忠正有余，则会成为张良一类的奇才。

办事能采取比较得体的方法，表面谦虚，实际上不会吃哑巴亏，暗藏着报复心。用人讲求乱世用奇，治世用正。这种人不论在乱世还是治世，都能谋得自己的一席之地，是懂得变通的善于保全自己的一类人。因诡智多变，可能节气不够，不宜选派这种人掌管财务、后勤供应等事。

要及时认清对方的私心

每个人都有私心，人们做什么事都是先考虑到自己的利益，假如有人拼命为你着想，那你就要小心了，也许对方正在打什么歪主意呢！丁宇就吃过一回这样的亏。

丁宇的顶头上司朱经理终于升为总经理了，而丁宇却破产了，因为负债累累，只能东躲西藏。事实上，正是丁宇的负债累累换得了朱经理的高升，故事的来龙去脉是这样的：

那天，丁宇去银行取款，打车回来，到了公司门口，下了车才发现皮包破了，钱丢了一半，天啊！整整19万元啊！丁宇吓得脸色苍白，飞奔着跑到朱经理的办公室详细汇报了情况，他沉默了一会儿说：

"这件事千万不能让人知道！"

"什么意思呢？"

丁宇不明白他话里的意思。

他诚恳地为丁宇分析："你是非常正直又认真的人，这一点我知道。你刚才所说的，大概也不是谎话，但是，公司会怎样想呢？"

丁宇默不作声、不知所以，还是没有明白他的意思。

朱经理说："公司也许会认为，这个职员说是遗失巨款，说不定是进自己的腰包里。大部分人一定会这么认为的。我是十分信任你的，我肯定不这么认为，但是公司一定会持这种看法。你还年轻，可以说前途无量。如果被公司怀疑了，你以后的日子怎么过呢？我是为你担心啊！"

丁宇一下被他的话震呆了，全身颤抖。

"19万元的确不是一笔小数目。但是，它却换不回你的大好前途。我若是你，不会把这件事张扬出去，而会想办法补足这一笔款项。"

丁宇咀嚼着他的话，不知不觉中觉得他的话越来越有道理。"那家伙说钱是被人偷走，其实全都放进自己的口袋里了"——同事的这些指指点点如在耳边。就依经理所说的，想办法填补这19万元吧……

经理听后，大加赞赏："这才是最明智的做法。"然后又加上一句："为了你的将来，我绝对不会对任何人说。所以，你千万也不要对任何人提起这事。"

丁宇拿出了自己和父母的积蓄，又托朋友向别人高利息借了钱，补足了丢失的巨款。

后来，丁宇明白了，朱经理把这件事隐藏起来，说是为丁宇着想，其实完全是为自己。

丢了这么多钱，他作为丁宇的上司也要负很大责任，作为工作失误，丁宇当然会受到处罚，但境况总比经理要好，同事也未必如他说的那样怀疑丁宇。

与人交往时，头脑要保持清醒，千万不要被人家骗得说东是东，说西是西，要学会客观地分清前因后果，而不是被人牵着鼻子走。

当我们遇到事情，特别是遇到让人措手不及的事情时，我们就会希望有人能帮我们出出主意，指点一下迷津，这时候就要注意一个问题：尽量不要找与这件事有关的人想办法，很明显，他也是当事人，他一定会希望事情朝着有利于自己的方向发展，你找他帮你出主意，无异于与狐谋皮，他不肯帮你出主意还算好的，万一他帮你出点什么馊主意，你可能就会因此而无法翻身了。在这个故事中，朱经理明明应当为丢钱的事承担一部分责任，他却摆出一副事不关己的样子，为了保住自己的职位，将过失全部转到丁宇头上，在丁宇还没弄清事情的严重程度前让他成了唯一的牺牲品，不要怪朱经理太奸诈，关键是丁宇没有必要的警觉心，所以才会糊里糊涂地上了人家的当。丁宇本来就应该想到的，朱经理热心给自己出主意的背后，肯定有为他自己打算的想法，"人心隔肚皮"，太相信别人就只会让自己受到伤害。

世界上有全心全意为别人打算的好人，但大多是在事不关己的情况下。总之，遇事别太相信别人，自己考虑清楚再作决定才不会吃亏。

看同舟之人能否共度

我们都知道，现实中的绝大部分事业，都是不可能靠单打独斗完成的。在很多时候，面对着隔岸的目标，要想成功越过中间横旦着的惊涛骇浪，我们必须要有同舟共济之人。

"同舟共济"本来的意思，只是大家同乘一条船过河。而现在的意义则是指在困难面前，彼此能够互相救援，同心协力。在通常情况下，同舟共济之人是应当齐心协力乘风破浪的。但天下没有不散的筵席，建立在一定利益基础之上的"同舟"，总有各奔东西的一天。那么，在"同舟"的时候到底应该如何做呢？事实上，在一些时候，同舟之人未必总能共济，因此，我们有必要多长点心眼儿，予以防备。因为一旦同舟之人对你动手脚，那肯定会是又阴又毒的，甚至能一下子置你于死地。

王安石在变法的过程中，视吕惠卿为自己最得力的助手和最知心的朋友，一再向神宗皇帝推荐，并予以重用。朝中之事，无论巨细，王安石全都与吕惠卿商量之后才实施，所有变法的具体内容，都是根据王安石的想法，由吕惠卿事先写成文及实施细则，交付朝廷颁发推行。

当时，变法所遇到的阻力极大，尽管有神宗的支持，但能否成功仍是未知数。在这种情况下，王安石认为，变法的成败关系到两人的身家性命，并一厢情愿地把吕惠卿当成了自己推行变法的主要助手，是可以同甘共苦共患难的"同志"。然而，吕惠卿在千方百计讨好王安石，并且积极地投身于变法的同时，却也有自己的小算盘，原来他不过是想通过变法来为自己捞取个人的好处罢了。对于这一点，当时一些有眼光、有远见的大臣早已洞若观火。司马光曾当面对宋神宗说："吕惠卿可算不了什么人才，将来使王安石遭到天下人反对的事，一定都是吕惠卿干的！"又说："王安石的确是一名贤相，但他不应该信任吕惠卿。吕惠卿是一个地道的奸邪之辈，他给王安石出谋划策，王安石出面去执行，这样一来，天下之人将王安石和他都看成奸邪了。"后来，司马光被吕惠卿排挤出朝廷，临离京前，一连数次给王安石写信，提醒说："吕惠卿之类的谄谀小人，现在都依附于你，想借变法之名，作为自己向上爬的资本。在你当政之时，他们对你自然百依百顺。一旦你失势，他们必然又会以出卖你而作为新的晋身之阶。"

王安石对这些话半点也听不进去，他已完全把吕惠卿当成了同舟共济、志同道合的变法同伴。甚至在吕惠卿暗中捣鬼被迫辞去宰相职务时，王安石仍然觉得吕惠卿对自己如同儿子对父亲一般地忠顺，真正能够坚持变法不动摇的，莫过于吕惠卿，便大力推荐吕惠卿担任副宰相职务。

王安石一失势，吕惠卿不仅立刻背叛了王安石，而且为了取王安石的宰相之位而代之，担心王安石还会重新还朝执政，便立即对王安石进行打击陷害。先是将王安石的两个弟弟贬至偏远的外郡，然后便将攻击的矛头直接指向了王安石。

吕惠卿的心肠可谓狠得出奇。当年王安石视他为左膀右臂时，对他无话不谈。一次在讨论一件政事时，因还没有最后拿定主意，王安石便写信嘱咐吕惠卿："这件事先不要让皇上知道。"就在当年"同舟"之时，吕惠卿便有预谋地将这封信留了下来。此时，便以此为把柄，将信交给了皇帝，告王安石一个欺君之罪，他要借皇上的刀，为自己除掉心腹大患。在封建时代，欺君可是一个天大的罪名，轻则贬官削职，重则坐牢杀头。吕惠卿就是希望彻底断送王安石。虽然说最后因宋神宗对王安石还顾念旧情，而没有追究他的"欺君"之罪，但毕竟已被吕惠卿背后的刀子刺得伤痕累累。

人际交往中，永远都不乏这样的人，当你得势时，他恭维你、追随你，仿佛愿意为你赴汤蹈火；但同时也在暗中窥视你、算计你，搜寻和积累着你的失言、失行的证据，作为有朝一日打击你、陷害你的秘密武器。公开的、明显的对手，你可以防备他，像这种以心腹、密友的面目出现的对手，实在令人防不胜防。所以，同舟者未必共济，与人共事时务必要多留防范心。

怎样与不同类型对手交手

在交涉进行当中，最要紧的就是能"看人说话"。

我们可以把交涉对手大致分成下列 5 种类型：（1）能说善道型；（2）三缄其口型；（3）反驳型；（4）毫不关心型；（5）过激型。

能说善道型之人，话匣子一打开，他就能够注意到，对方所说的话有哪些是和自己意见相同的；三缄其口型的人，一旦与他有商业往来，你最好事先准备好样品，让他从中选择接近自己意见的商品；对付反驳型的人，你要尽量找出与对方相同之点，使其与己妥协；至于毫不关心型的人，应恳切说明自己的想法，以征求其同意；对于过激型的人，先要深入了解对方偏激的原因，再用事实进行反驳。

日本社交专家长尾光雄先生，曾经提出对付不同类型的人应采用的具体方案：

（1）坚持己见的人

对付这种人，你可以具体地用数字来反驳他，因为他往往只是坚持自己的意见和主张，决不听信别人的意见。必要时，你也可以联合意见相同，或者感受相同的人共同作战。

（2）喜欢议论的人

必须要对他采取质问的态度，同时，也要多花些时间准备，来和他辩论一番。至于质问的内容必须是自己所要了解的，这样，通过他所发表的议论，你就可以收集到有关信息和资料。

（3）自负的人

时常会对他人高谈自己经验的人，他多半认为只有自己的经历特别重要，而不免流于自负。面对这种人，你不妨冷静下来，听听他的意见，虽然他有时会批评别人，但或许你也可以从中汲取宝贵的人生经验。

（4）抢先说话的人

"对不起！我也想听听别人的意见。"对于这种抢先说话的人，你可以采取此种方法应付。这样使其无法继续高谈阔论，对付自以为是的人，也不失为有效的方法。

（5）腼腆害羞的人

对于这种在大众面前不擅发表自己意见的人，最好先让他谈些自己身边的事，然后，再慢慢诱导他说出过去的经验，或者内心的观感和看法。

（6）冥顽不灵的人

像这样顽固的人，往往坚持自己的一套想法，你在和他交涉前，必须预先做好沟通工作，用多数人的意见来化解他的固执。

（7）孤僻的人

首先，你要引发他的兴趣——谈谈他最得意或喜欢的事情。待导入正题时，你可以这样说："关于此点，我很希望听听你的意见和看法。"

（8）打破砂锅问到底的人

这种人问起问题来，往往顾不得别人厌倦的反应，即使再三反复，他也"乐此不疲"。对付这类人，你应设法在话题告一段落时，出其不意地堵住他的嘴巴，逼得他把"最后的结论"说出来。

（9）目光凶恶的人

尽量避免一对一的辩论。尤其是牵涉利害关系、意见迥异、话不投机的人，最好不要单独和他交涉，否则你可能流于感情用事，放弃自己原先的立场。

和这种人进行争论，你可能会被他咄咄逼人的目光所慑，而在招架不住的情况下失利，故以有人陪同为佳。

（10）要人型的人

既属要人，你就应该避免当面批评，而用较婉转、简洁的方法对付他。你不妨这样说："这是很宝贵的意见，就让大家也来表达自己的立场吧！"采用避重就轻、一笔带过的"抽象"表现方式，也许可以化解僵局，而把问题处理得很好。

美国作家马克·吐温曾说过这么一句发人深省的话：

"要使对方满意的最好方法，就是把对方所说的话，重新再说一遍。"

这句话，在与人交涉时，是非常值得参考和运用的。

认清自私者才能面受其害

人性里有很多缺陷，自私就是最令人觉得悲哀的一个。自私的人凡事都想着自己，不顾别人，他们只为自己活着，不肯为别人的生活提供便利，更不肯为别人放弃自己的一点点利益。对于这样的人，只有敬而远之，才能少受伤害。

那么，我们如何揣摩一个人是否自私呢？

第一，看面相

（1）耳朵小，且上耳过尖

一般耳朵大的人是大家公认有福之人，这样的人衣食无忧，且具有很好的交际，不爱与人争辩一些无所谓的是非，属于非常和气之人，更不喜欢贪小便宜，但是针对耳朵小，且上耳过尖的人，正好与耳朵大的人相反，在人际交往中咄咄逼人，占有欲相当的强悍，喜欢把别人的东西据为己用，尤其此特征的人相当的自私，如果生活生，与这样的人合伙，那对方必定容易受损伤，没有一点好处可言。

（2）三白眼

三白眼分为上三白眼，以及下三白眼，这样的人个性比较好强，经常是为了达到目的不惜付出任何的代价，所以很多成功人士里面也有比较多的上三白眼和下三白眼的人。不过一般从看面相来说，拥有上三白眼和下三白眼的人，内心富含极度自私的欲望，心机相当的重，无论是对人还是对事，内心都喜欢布置一个局，这样的人，一开始的时候，是很好接触的人，但是时间长了，狐狸尾巴全部透入出来，会让人觉得非常的狡诈，在利益面前，这样的人就是属于不认六亲也要达到自己心愿的人。

（3）眼珠向外凸露

此特征的人一生都爱争斗，什么事情非要赢不可，哪怕是一件小小的事情，也很容易恶化，同时，这样的人非常爱要面子，也为大家常说的"死要面子，活受罪"内心时常有一种羡慕嫉妒恨的心里伴随自身，尤其这样的人，在利益面前相当的自私，不得到，难以解除心中的不平衡，同时，这种人属于傻的类型，别人自私，会用心机，这样的人头脑简单，纯属野蛮的个性。

（4）鼻梁凸出，且鼻梁无肉

这类人，具有急躁的个性，往往自身内心难以控制，生活中容易出现一些争执性的事情，这样的人主观信念太强，什么事情都要遵从自己的想法来走，同时生活上也很容易得罪身边的朋友，与身边的人很不和睦，最为常见的一种，那就是容易在利益关系面前容易跟身边的人关系弄得非常的僵化，内心吃不得一点亏，哪怕是跟朋友断绝关系，也是常有的事情。

（5）嘴小，且下巴尖

嘴小的人，天生具有小气的心里，无论是男性还是女性，都具备这样的情况，一般嘴小的人，依赖性特别的强，如果再加上下巴尖，多为阴险毒辣的人，生活上，往往有一种妒忌的心理，总会觉得身边没有好人，防备心理非常的强悍，生怕自己受到别人的伤害，正所谓，害人之心不可有，防人之心不可无，但是此特征的人，防备心理也太多了，身边任何一个人都很难在他心里取得信任，尤其这样的人自私心理比一般人都更旺，利益面前，内心属于只可以赢，但是坚决不能输的个性。

第二，看行为

（1）喜欢抖腿的人

心理学专家研究得出结论：一个人在说话时喜欢抖动腿脚是一种自私的表现。他们不抖动腿脚时，就常常用脚尖磕打脚尖，用脚掌拍打地面。这类人很少考虑别人，不管做什么事，都是从自己的利益出发。只要对自己有利的事，他们就会不假思索地去做。这种人很难交到真正的朋友，因为他们为了自己的一己之利，往往会不择手段，从来都不会眷顾友谊之情。

（2）打电话不分时间地点的人

不分钟点地给别人打电话的人，往往是些非常自我并且自私的人，他们很少顾及别人的感受。一旦有了什么事情想打电话时，他们就会直接拨通对方的电话，完全不考虑对方现在在干什么、能不能接听你的电话、是否适合接听你的电话，他们只是自己有了高兴事或者烦心事就想起了别人，就想跟别人通电话，却不管别人此刻的心情怎样。这是一种很自私的做法。

（3）喜欢插队的人

排队可能是社会上比较常见的现象。从火车、乘飞机，最常见的就是排队，办理登机牌需要排队，过安检需要排队，登机也需要排队。但是，偏偏有人就不愿意排队，不管你排的队伍有多长，它一来到就是办票，就要过安检，就要登机，视其他排队的人如不存在。这种人的品质，从基本上来说就是自私的，因为它从来没有考虑别人的感受，从来没有考虑它的行为给别人造成的不便和伤害。

（4）驾车爱插队的人

城市道路的拥堵几乎已经是一种新常态。至少在大城市来说就是如此，但是偏偏有一部分人，它总是自认为比别人聪明，遇到道路拥堵，它所做的不是先来后到，而是寻找空隙，见机就插队，根本就不管你在后面苦苦排队了几十分钟，甚至几个钟头。你想，这样的人，就是自私的。因为它只考虑了一己之便，全然不顾别人的感受。

（5）公共场所吸烟的人。

不在公共场所吸烟，这是一个人应该具备的品质，因为被动吸烟会对别人造成伤害，这是科学常识。但偏偏就有人公然伤害别人的性命。虽然并不见得白刀子进红刀子出，血流在地，但是，自己吸烟而让别人被动吸烟也是再可恶不过的了。毕竟不是所有的人都喜欢那种恶臭的烟味。在餐厅、在车站、在会议室等，虽然都有禁止吸烟的牌子，但是许多人还是视若无睹，典型的是一个自私的恶棍。

　　自我而又自私的人，通常心里只有自己没有别人，他们的生活完全以自我为中心，别人都要围着他转。他总是希望从别人那里获得自己需要的物质或精神的东西，却从不肯轻易去为别人舍弃自己的东西。

　　当他们向别人提出请求时别人如果不答应，他们便会很生气甚至怒火万丈，骂对方不够意思不仗义；而当别人向他提出请求他不答应时，他则不会觉得是自己不够意思不仗义，而是会抱怨对方的要求太苛刻，抱怨对方太自私、不懂得为别人着想，并不断地埋怨对方。在他们心里，他们没有错，自己永远是对的，他们的利益、他们的事情才是最重要的，别人的利益或事情通通没有他们的重要。

　　所以，当我们在生活中遇到这样的人，我们还是与他们保持点儿距离比较好。

第三章　关注细节，从小处一眼把人看透

识人之难，难就难在每个人都有不同的特质，每个人都需要从不同的角度去衡量，这往往会令人眼花缭乱、真假难辨。但并不是说，识人就没有窍门可言，其实，识人察人还是有一定规律可循的。掌握它，你就能在茫茫人海中一眼看到你所需要的人

抓住本质才能看清人

这世界上虽然君子和小人依然共存，但他们却有着本质的不同，正像一位哲人所说："君子与小人就像水与油不能融合。"

一般来说，君子有才德，小人无道德。虽然有才能的人未必都是有道德的君子，有道德的人必然不同于小人，所以不能不识别审察。君子间的交往像水一样清淡，小人间的交往像甜酒一样甘浓。品德高尚的人不以利相交，而以德相交。君子见了别人的危难就同情他，小人见了别人的危难就幸灾乐祸。君子以得仁义为快乐，小人以满足邪淫为快乐。君子和小人有着截然不同的道德情操。

君子喜欢赞扬别人，小人喜欢毁谤别人；君子喜欢给予别人，小人喜欢向别人索取。君子要求自己严格，小人要求别人严格。君子心地宽广，泰然自若；小人常常忧虑恐惧，惶惶不可终日。对于君子，你替他办事容易而要讨他喜欢却难……对于小人，你替他办事很难而要讨他喜欢却很容易。

君子使各种意见得到合理的一致，却不随声附和；小人随声附和，而不去合理地解决意见分歧。君子在穷困时仍能坚持操守，小人一旦穷困，就不能节制自己了。君子坦然自安而不骄傲，小人骄傲而不坦然。君子善于设谋，小人善于猜想。依附小人的，必定是小人；趋附君子的，则不一定是君子。

奸佞之人总是无事生非造谣中伤，使得贤才难以被人识别而加以使用。所以古人感叹，任用贤德的人并不太难，识别贤德的人才真正困难，使用有才能的人并不太难，发现有才能的人才真正困难。正如画画一样，画老虎画皮毛容易，画出内部骨骼就困难了，认识人的外貌容易，认识人的内心就困难了。

如果是正直的人，他内心富有而不侵犯礼法，地位尊贵而毫无傲气，担当重任而不三心二意，处理事情诚实毫无隐瞒，遇到困难不会逃脱，面对问题能够随机应变，这就具备古人所说的仁、义、忠、信、勇、谋六守，这就是真贤能之士了。要判别正直的人，下列六种识人的标准可供参考：富之而观其无犯；不犯者，仁也；贵之而观其无骄；不骄者，义也；付之而观其无转；不转者，忠也；使之而观其无隐；不隐者，信也；危之而观其无恐；不恐者，勇也；事之而观其无穷；不穷者，谋也。

除此之外，在与人交际中也有八种了解人的方法，例如提出问题，看他知道的是否详尽清楚；详尽追问，看他应变的能力；用间接方法考察，看他是否忠诚；明知故问，看他有无隐瞒，借以考查他的品德；让他管理财物，看他是否廉洁；用女色试他，看他的操守如何；把危难的情况告诉他，看他是否勇敢；使他醉酒，看他能否保持常态。这八种考验方法都用了，一个人的贤与不贤就能区别清楚了。

别让表象骗了你

我们是不是常常遇到这样的情况：当我们自信满满地对某件事或某个人进行估测的时候，结果却偏偏出乎意料？这不一定是因为我们得到的信息不正确或是方法不得当，而是因为我们忽略了很重要的一点——例外。

孔子云："以貌取人，失之子羽；以言取人，失之宰予"。虽然从一个人的言行举止以及细节可以推测他的内心世界，但是人们的外在表现往往会受到客观环境的影响。有些我们看似习以为常、理所当然的事情，在实际上却与事实大相径庭，这就是例外情形。因此，将实际和例外结合的分析显得尤为重要。有两种情形非常值得我们注意：

为了迎合你而故意表现出美好方面的人

我们常常遇到这样的情况：初次赴约的人光鲜亮丽，举止谦和。可是熟识之后，原本的体面礼貌变得庸俗暴躁；开始一项新工作的人积极勤奋，干劲十足，可是过了一段时间之后，努力勤奋的员工变得懒散迟钝；新结识的人大方随和，宽容无私，可是深入交往后，随和宽容的朋友变得计较自私……

  之所以会出现这样的转变，是因为人们出于不同的动机，通过改变自己的外表、行为和语言来迎合别人的期望，掩饰自己的真实想法。而等到熟识之后，取悦对方的欲望消失，人们就会还原为本来的自己。因此，那些美好的形象往往只是暂时的，经不起时间的考验。

  面对这样的人，我们一定要小心提防，因为他们所表现出的信息往往都是错误的，是为了迎合不同的人而精心定制的讯息。如果我们得到的仅仅是假象，就无法做出正确的判断。那么，怎样才能分辨出人们所表现的是真实的自我还是伪装下的另一副面孔？看看下面的几个要点希望对大家有所帮助：

  听其音：从某种角度来说，一个人越在乎的东西往往就是他没有的东西。举个例子来说，一个人很注重自己的衣着打扮，就很有可能暗示着他对自己的容貌不够自信；一个人若是吹嘘自己的才能，也许是因为他知道自己的才能方面有所欠缺。总而言之一句话，有的时候人越炫耀什么，自己很可能越缺少什么，作为阅人高手，一定要细听起因，不要被其表面现象迷惑，而是应该透过现象看本质，一眼洞悉对方内心深处的真实想法。

  思其行：初次见面，为了更快的了解对方，我们不能只通过一些简单的语言信息就妄下决断，还要通过对方的行为来判断他的性格真相。比如寡言少语的人往往性格比较古怪孤僻，这种人也许有很多的想法，只是不善用言辞表达而已。相反，有些人夸夸其谈，看似见多识广，其实内心一片空虚。所以要想看清对方的真面目，我们一定要认真打量对方的行为，不要错过他们举手投足间的任何蛛丝马迹，只有这样才不会被表象所蒙蔽，最终做出自己最正确的判断。

  观其面：在生活中我们总是爱犯这样一个错误，那就是总是相信自己对别人的第一印象。然而这种印象总是会给我们带来一种错觉，使我们偏离了正确的阅人轨道。所以不管什么时候，我们都要本着越是美好的方面越应该引起注意的方针政策。因为每个人都会故意美化或掩饰自己的缺点和不足，得体的举止和恰当的话语并不一定是对方真实性格的体现。

其实有时候，人们并不是因为这样那样的原因导致性格发生了变化，而是他们的天性本是如此，他们在不同的动机之下改变自己。而一旦动机消失，他们就会恢复庐山真面目。

综上所述，我们不难看出，如果你想成为一个阅人的高手，就必须要掌握这样三个关键点，首先，要在不同的情况下留心观察，彻彻底底的了解对方的真正用意。其次，结合不同情境判断分析哪些行为是真实的，哪些行为是因需要表现出来的，以免在无意中上了别人的圈套。最后，我们还要认真的观察对方的原本个性，切勿只注重表面现象而使自己在今后吃亏上当。

看人不要以点概面

当我们了解了怎样从细节处了解人心的时候，我们也不能断章取义，过分强调某个细节中的信息而忽视了从整体上对不同信息的把握。只有将不同细节联系起来，洞察这些信息背后的隐藏意义，我们读人的过程才能卓有成效。

兰兰最近很不开心，原因是她发现她新交的男朋友现在的表现和两个人交往以前的表现相差特别大。她的男友是个商务人士。以前两个人刚刚认识的时候，兰兰对他的印象很好。他总是穿着得体，彬彬有礼，最值得注意的就是他每次就餐后都会把用过的餐具有条理的摆放在桌子上，桌面也非常干净整洁；两个人一起出去时，他对周围的人总是很礼貌，总是在力所能及的范围内为他人提供方便。兰兰把这些细节看在眼里，心里非常高兴。因为她相信只有从细节透漏出的个人性格信息才是真实的，而她所看到的恰好能证明她认识的这个人是个非常优秀的男士，他的餐具摆放良好，说明他有爱干净、有条理的生活习惯；他的礼貌和乐于助人说明他良好的教养和善良、大度的心胸。可是，随着两个人交往的深入，兰兰却越来越失望。因为她发现她的男朋友变了，和以前她所看到了解的他相差甚远。他的个人物品摆放混乱，做事也并不条理清晰，井然有序；他为人很自私，不太顾及他人的感受，而且性格暴躁，爱发脾气。兰兰不明白是自己当初的判断失误还是有什么原因促使了男友的巨大变化。如果说是刻意在她面前故意表现来赢得她的好感，可是他在同事面前的表现也是这样的。兰兰很疑惑也很苦恼，找不到事情的原因。兰兰的情况在日常生活中并不少见。很多人都发现一些自己熟识的，自认为十分了解的人有一天开始变得和自己以前所了解的那个人大相径庭。这时，人们总会以为是因为某种原因促使他们发生种种变化，其实不然，那些人天性如此，而是人们的判断产生了失误。

其实，兰兰男友的事情不难理解。是兰兰对男友最初的分析判断产生了偏差。虽然我们应该通过细节来分析一个人的性格信息，我们也不能过分强调某个细节的作用而忽略了其他信息，不能因为某个明显的细节就忽略了其他细节。我们知道，良好的就餐习惯往往同某些职业联系在一起，并不一定是教养使然。而得体的穿着和良好的待人方式也是某些职业的特征之一。兰兰的男友是个商务人士，而商务人士会经常性的应酬，而应酬中礼节和待人方式则显得非常重要。因此，兰兰眼中男友曾经的优点并不是性格使然而是职业使然。兰兰却忽略了职业这一重要细节因素，过于注重某个细节，最终导致了对男友的错误判断。

因此，注重细节固然重要，我们也不应该局限于某个细节而忽视其他的细节，应该从整体上把握这些细节，做到既看得到树木，又能够看到森林。那么，怎样做才能即把握住细节，又能从整体上把握诸多细节的作用呢？看看下面的几点将会对您有所帮助。

谨慎分析，小心被某个细节迷住双眼。有时候，我们很可能轻易的就能发现他人体现出的非常明显的细节信息。这时，我们不能大喜过望，认为有了这样一个明显的细节就武断的进行判断，而忽略了寻找其他方面的细节。这样很可能会造成细节信息的片面性，导致解读人心的片面性，最终影响了我们阅人的成效。甚至因此带来消极的后果。前面的例子就是一个很好的前车之鉴。

平心静气，继续寻找有用信息。当我们有了非常明显的细节信息之后，还应该保持平静的心态，不能过于欣喜或满足，还应该继续在细节处进行寻找。能够帮助我们探寻人心的信息永远都不嫌多。只有获得充足的信息，我们才能够对人进行准确的判断；只有信息足够全面，我们的判断才能够更加准确客观。虽然，有些信息具有很大的代表性，仅凭这些信息就能够得出准确的结论。但是，我们还是应该谨慎为好，这样才不至于在阅人的道路上走太多弯路，甚至造成不必要的麻烦。

分析信息，从整体上把握信息传达的意义。当我们尽可能的获取信息之后，我们就来到了最关键的一步——分析信息。信息分析的结果决定着我们阅人的质量，因此绝不能草率马虎，粗心大意。每个信息都有其自身的隐含意义，我们所要做的，就是将这些隐含意义找出来并进行整体上的加工整理。这不是将各个信息的意义简单的和在一起，而是将信息去粗取精，去伪存真，从整体的角度获取信息的有用部分。这样，我们才能从整体上把握信息，获得准确的判断。

为了在阅人的过程中获得满意的成效，对细节的整体把握非常重要。只有在注重明显细节，不忽略隐藏细节的基础上分析判断，才能得出准确的阅人结论。

提好问题才有好答案

很多时候，在与人交往过程中，我们不可避免地要通过提问来获得我们想要的信息。我们发现，本质相同的问题，用不同方式提问，得到的效果也往往不尽相同，因为善问问题会帮我们更容易地找到答案，使我们的沟通更加容易。而善问问题也正是我们需要学习的阅人技巧之一。

在与人交往时，我们要善于揣摩对方心理，体察对方涉世深浅，这样我们才能在人们的交谈中使用各种各样的语气，例如陈述的、感叹的、疑问的等，如果我们能够掌握其中的奥秘，我们就能在交谈中占尽先机，掌握谈话的主动权。在我们平时的交谈中，很多是以问号结尾的，即提出问题，从对方的回答中得到我们需要的信息。

在生活中，我们会发现，有时我们的问题能够起到抛砖引玉的作用，比预想的知道得更多，而有时却是一无所获，无功而返。这差异的关键就在于我们是否善于提问。杨澜的访谈录大家一定都有所耳闻，她在主持节目时每次都会问嘉宾一些非常精妙的问题，而这些问题往往都是对方最想说出的问题，并且她提问的方式很讲究。比如在韩寒参加她的访谈录那一期里，当涉及要问韩寒关于他赛车的问题时，杨澜问道："你现在真的把赛车当作一个专业来做，是吗？而不是说像一开始很多人都觉得你是在玩票而已？"当时的情况是韩寒又玩赛车，又发唱片，很多人认为他是喜欢显山露水，玩赛车只是在玩票而已。为了让大家明白韩寒到底是怎么想的，杨澜提了这样一个问题。她没有直接说，你玩赛车是在玩票而已吗？也没有直接说，很多人都觉得你是在玩票而已，是这样吗？而是先用设问句确定韩寒是把赛车当作专业来做，而且强调说只是"一开始"有很多人觉得他在玩票。这样会使人觉得不那么尴尬，也使这个问题更容易回答，这时嘉宾自然会愿意回答她的问题，澄清别人对自己的误会。杨澜正是因为善于提问，才在交流中收到了良好的效果。要成为阅人高手的我们，也要学会问对问题，善问问题，这样才能在交往中轻松得到我们想要的收获。

既然问对问题能够帮我们事半功倍地做事，那么我们到底应该怎样问问题，才能达到抛砖引玉的效果呢？记住下面的问话技巧，一定能够提高我们的提问题水平，在交往中游刃有余。

（1）明确要问什么

提问一般只是经过浓缩的一句话，因此，一定要用语准确、简练，以免使对方听起来感到含混不清，产生不必要的误解。问题的措辞也很重要，因为很多时候我们提出的问题可能会使对方陷入窘境，引起对方的焦虑与担心。因此，在措辞上一定要慎重，不能有刺伤对方、为难对方的表现。即使我们是谈判中的决策人物、核心人物，也不要为了显示自己的特殊地位，表现出居高临下、咄咄逼人的气势，否则，我们问的问题就会产生相反的效果了。

要更好地发挥提问的作用，提问之前的思考与准备是十分必要的。思考的内容包括我要问什么？对方会有怎样的反应？能否达到我的目的等。必要时也可把提出问题的理由解释一下，这样就可以避免许多意外的麻烦和干扰，达到我们提问的目的。

（2）知道怎么问。

问话的方式非常重要，提问的角度不同，方式不同，引起对方的反应也不同，那么我们得到的回答也就不同。对于一些显而易见，并且容易回答的问题，我们可以直接提问，以便快速找到答案。但有时候我们想问的问题对方不方便或者不愿意回答，如果我们直接提问的话可能会引起对方的反感，这样双方都会十分尴尬，所以我们要采取间接的方式，让对方把我们想要得到的信息说出来。

我们都知道，在数学中有个公式：如果甲＝乙，并且乙＝丙，那么就有甲＝丙。交谈中我们也可以利用这个公式的原理来提问，来达到我们的目的。具体说来就是，如果我们想问一个问题，但又不好直接发问，便可以问一个与之相关的问题，但我们要保证对方回答了这个问题，就相当于回答了我们想要问的问题。这样，我们就会从对方口中得到我们想要的信息。举个简单的例子，如果我们想知道一个不太相熟的朋友是否有女朋友，但又不好意思直接发问，我们便可以采取这样一种问法：你周末要陪你女朋友吗？并从对方的回答中做出判断。这样，即避免了直接问的尴尬，又能得到我们想要的答案。

（3）找准提问的时机

提问的时机也很重要。它直接决定着我们的问题能否得到圆满的回答；在交谈过程中能否起到积极的作用。因此，抓住时机，巧问问题，能够在交往中带来意想不到的收获。相反，如果我们没有找到恰当的时机，问错了问题，就会出现消极的后果。

当我们与人讨论某一问题时，应该待对方充分表达他们的观点之后再提出我们的问题，因为过早的提问会打断对方的思路，并且显得不礼貌，而过晚的提问会影响对方回答我们问题的兴趣；当对方谈话的内容自觉或不自觉地偏离我们的想要交谈的话题时，我们就要抓住对方停顿的时机提问，通过这种方式把对方引导到我们希望的话题上来；当交流过程中对方出现沉默现象时我们就要注意了，如果他们是思考性的沉默我们可以等待他们思考后的回答，但若他们是因为不知道说什么的沉默，我们就要通过提问让对方将他们的想法表达出来。

（4）考虑对方的特点

在提问时，我们也要充分考虑到对方的特点，具体问题具体分析，根据不同人的性格特点采取不同的提问方式，这样才能够对症下药，以达到避免尴尬，快速得到信息的目的。例如，如果对方坦率耿直，那么我们向他提问时就可以采用直接且简洁的方式。这时再用间接法，显然没有必要，甚至还会引起对方的反感。如果对方是个爱挑剔、喜欢抬杠的人，那我们就要注意我们的提问一定要周密没有漏洞，以免对方会排斥回答我们的问题。总而言之，不同的人我们要采取不同的提问方式，只有这样才能最大限度的保持交谈氛围的和谐，才能让我们的阅人技巧得到最切合实际的体现和发挥。

综上所述，在交往中注意提问技巧的使用，在提问问题时，选择合适的方式和时机，善问问题，就会达到抛砖引玉的效果，轻松找到我们想要的答案。

"我只告诉你"是真的吗？

凡是会说"你不要告诉别人，我只告诉你……"的人，对其他的人也一定会这么说，所以很容易泄密。再说得更具体一点，就是因为他们会冲动地想把某种秘密告诉别人，所以才会特别强调"不要告诉别人"、"我只告诉你"，故意说出这种话。

一个人若知道他人不知道的秘密，要其隐藏在心中并不容易，通常都有"告诉别人"的冲动，其理由如下：

第一，因为自己一人保守秘密，负担太重，所以想借泄密的方法卸下心中的重担。

第二，把自己知道的独家秘密向他人炫耀的幼稚性格。此外，也有向特定人物泄密，以博得对方欢心的欲望。

无论基于哪一种理由，都是泄密者"神经质的心理"作用，明知不该泄露，却又忍不住，若他们泄密的内容，只关系到个人，顶多只会破坏与当事人的关系；但若是机关或企业人士，泄露了非常的秘密，就很可能破坏了工作单位中重要的人际关系，不仅事关个人，还会影响到整个组织。

为避免不负责任者泄露秘密，首先必须确立自己是组织中的一员的同一性。

　　一个想泄密的人，即使上司再三交代"这个秘密不可以泄露"，在其同一性尚未培养成熟时，便可能因意志薄弱而泄密。相反，已确立对组织同一性的人，亦即精神上已经成熟、具社会性的成人，在泄露重要事项前，会先考虑泄露的后果，考虑对他人带来的影响，同时也考虑人际关系会产生的变化、对组织的影响，经过深思熟虑后才敢说出。

　　此外，在上班族的生涯中，个人的隐私、微妙的人际关系，往往也会形成种种是非，如果泄露的秘密无关紧要，较为无妨，但泄密的内容往往会成为他人对你人格的考验。

　　我们聆听别人诉说秘密时，当然不好意思拒绝，但你至少应该了解对方说这话的用意。

一眼看明白你的老板

　　你要识别自己的老板，就要辨清他属于什么类型的老板，了解他的个性，有一个不二法门，就是俗语所谓的"跟官司要知道官司贵姓"。这就是说，当员工想跟定哪一个老板之后，必须要立即对老板进行全面了解。

　　（1）手不时抚摸着头发或是耳朵

　　你的老板是个神经质的人，一点办公室的风吹草动，就会让他或她紧张个大半天。因为大小事都放不开，很容易耿耿于怀，所以身为下属，如果曾给他或她留下坏印象，就像打上烙印，想要翻身就请花时间关心老板的情绪，经营自家人的感觉，情况就会有改善。

（2）双手交握

认真的女人或男人，就是形容你的老板。他或她在工作上，是个就事论事的人，最讨厌只会耍嘴皮子的人，所以拍马屁，反而会弄巧成拙。你最需要的是展现你的实力，和客户周旋的能耐，这才会让老板欣赏你。

（3）手托着下巴

你的老板其实很好搞定，因为他或她属于随和派，大节才是重视焦点，不会老是计较小节，所以和这样的老板应对时，态度不必过于严肃，但是他或她是以聪明取胜，如果常露出反应慢的模样，会让他或她觉得你不是大将之才，被认定不够聪明，要得到提拔几乎是不可能的。

（4）玩弄笔或其他物品

你的老板是个自视甚高的人，凡事都有自我见解，而且主见甚强，所以身为属下的你，最好别对他或她顶嘴，或是当场吐嘈，下场会很惨的。你要切记无论如何都要留给老板面子，你的才华可以透过书面或是私下场合进行，未来才会有好日子过。

（5）对生人极力夸赞

这种老板一定有事相求与别人，当对方丧失警惕而相信这个老板时，老板就会摆出高高在上的架子，目的是让陌生人接受一些不合理条件而答应帮这个老板做点事，最后这个老板又会以种种理由表示对陌生人的不满，以求抵赖事先对陌生人承诺的条件。如果跟随了这种老板，这种事情很快就会发生在你身上。

（6）经常承诺事后给好处

这种老板没有兑现承诺的意识，他的承诺只是用来激发员工积极性的一种手段，他的承诺是画越来越大的饼，当到期没有兑现小承诺时，你别以为老板忙得忘记了过后一定会补上，过后你还会得到老板更多更大的承诺，只是你永远见不到老板给你兑现承诺。如果你在乎老板的承诺，你最好早点离开他。

（7）抽劣质烟喝劣质酒

这种老板可能会赚点小钱，但他是个没品位的土包子，而且武断专横听不进别人的意见，但你会乖乖听话也还可以混口了。他的企业不可能做大，你如果有能力改变企业，还是走人为好，因为你改变不了老板。

（8）在你面前说别人坏话

这种老板不仅是非特多，而且极端自私，过河拆桥，在别人面前你也许就是他的负面谈资，他对你的好处一定是基于对你的利用。如果你想有些个人机密，或想与老板有些合作的话，你最好远离这种老板。

（9）在公司与异性员工打得火热

这种老板已经没有事业心了，即使他的企业不小，但他随时可能甩手给情人掌权，企业倒闭也不在乎。如果你不想突如其来就换工作，那就趁早离开这个老板。

（10）高谈阔论爱显示自己

这种人相信自己关系通天，相信权势改变一切，可以把一个概念当作一个项目去做，而谈话永远没有具体的内容。实际上这种老板的真实一面与他吹的相距很远，你可能很容易被老板洗脑了，这种老板的确有些社会关系，但这些关系往往对企业帮助不大。这种老板爱面子，你不用担心工资方面的承诺不会兑现，但要学点真本事的话你还是忍痛割爱好了。

一眼看清楚你的同事

生活中每个人总是承受着来自各方面的威胁。这些威胁绝大多数是隐性的，都是你很难体察到的，而且多数来自于你的同僚。许多同僚对你的态度很和顺，有说有笑。你甚至把他们当作了自己最亲近的人，把自己的所有情况，包括欢乐和悲伤，喜好和憎恶，都毫无保留地告诉了他们。但是，有些人往往并不会对你抱以真心，在透彻明晰地了解你、洞悉你的弱点后并把它作为打垮你的利器，从而把作为他们的潜在威胁的你清除掉，这才是他们的目的，所有的一切都是一个圈套。直到被他们打得落花流水，地位全无，一直沉浸在畅想之中的你才会如梦初醒。

围绕在你周围的有很多人，都表现得对你非常友善，肝胆相照，并且信誓旦旦地要和你一起合作，共同创造一片新天地。面对这种情况，你也许会无所适从，因为你无法确定哪个是真的，哪个是假的。但是，如果你真正地观察体验，真假还是很容易鉴别出来的：

（1）对方在倾听你诉说的时候是抱以真诚的同情和感慨呢，还是目光闪烁，有时出现若有所思的样子呢？如果是后者，那么对方很可能是一个居心叵测的人。当然，这需要你去仔细观察他的言行并注视他的眼睛。

（2）仔细地回想一下，当你有意无意地想结束自己倾诉的时候，他是不是很巧妙地利用一些隐蔽性极强的问题重新打开你的话匣子呢？而且，你随后所说的内容又恰恰是容易被别人利用的东西。

（3）如果你偶然得知有人总是在不经意之中向你所亲近的人打听一些有关于你的消息，那么你最好疏远他们。

（4）有些笑容并不是很自然，而像是从脸皮上挤出来的。有时你觉得并没有丝毫可笑的地方，而对方却能够笑起来，这种人也要适当地多加小心注意。

（5）如果有些东西你觉得实在忍不住，不吐不快，那么你要尽量找一个自己亲近的人诉说一番，比如你的父母、妻子甚至孩子。这会缓解你心中的郁结，减少情绪上的大起大落。

现代生活的交际令你随时都要面对各种人，如何与这些人相处，怎样了解他们是何种性格的人，是摆在你面前的首要问题。

交换名片，是彼此传达身份信息的一种手段。

但是有的人即使在非正式的场合中，也喜欢递出名片，在公共汽车上、小吃店偶然邂逅朋友、熟人，也要拿出一张名片，甚至到酒吧喝酒时，都不忘给服务员名片。

这些人动不动就拿出自己的名片是因为他们在评价对方时，很易受对方的工作、职位或学历等所左右，由于这种心理的投射作用，也喜欢在名片上印自己喜欢的、认为别人会对他另眼相看的各式头衔。当他们拿出名片交给对方时，便判断对方一定也会把自己捧得高高在上。但事实上人们并不都是用头衔来判断一个人。相反地，他们这种举动反而更容易让别人发现他潜藏于心的自卑感。

常见有人喜欢向同事问东问西，而其询问的内容不外乎是与自己有关的事情或人。这是因为这些人无法适应自己的工作环境，如果要适应的话，他们就必须使自己的价值观和生活方式与环境协调，才能使自己安心。当然他们也有志成为其中的一员,但只是有这种想法,却无法付诸实行。在心有余而力不足的情形下,自己的理想和现实产生差距,这种差距就造成了自卑感。只要一触及自身这类较敏感的问题,他就会感到强烈地不安。

有的人常喜欢毛遂自荐,即使明知自己无法胜任,他们也硬要推销自己。但有的人却恰好相反,明明有个让他们一展才华的机会,却退缩迟疑。后者这种看似谦虚的美德,实际上是源于他们害怕暴露自己的弱点。

其实他们也有他们的理由,因为并非他们喜欢畏缩,只是这种人对自己太没自信了,只要能够确认自己有能力,他们一定会着手办理,不须他人要求。但并不是说这种人的理想过高,而是指这些人尚未建立与公司的同一性,他们认为自己不是公司里的专家。更简单地说,这种人还没有彻底适应其工作场所。由于感受到现实与理想的差距,他们就会认定有许多困难存在,因而畏缩不前。

行事认真的人,也许办事的速度不快,但由于他们不会敷衍了事、半途而废,所以完成的工作,定能博得他人的信赖。

有的人办事不仅认真,甚至还吹毛求疵,这就有点矫枉过正了。办事过于认真的人,从办公室的桌子就可以看出:他们的桌子总是摆放得整齐规矩。若有人在他不在时,顺手借用他桌上的东西,即使过后再放回桌上,他一眼就能看出东西有人动过,会很不高兴地表现出来。这种行为,除了会令周围的人神经紧张外,他自己也为此而苦恼。

这些人很清楚自己过于认真的行为并不合乎常理。若从单纯角度来看,一定会认为既然他自己也知道不合理,只要改正不就好了?可是问题是他们根本无法改变自己,如果他们中止了这些行为便会失去平衡。这种行为,是心理学上典型的"强迫观念":有这种行为的人,常给别人一种神经质的印象。有拒绝上学倾向的孩子，一旦远离了父母的保护，成长为有自我判断力的社会人后，通常会以较宽容的态度对待自己、对待别人。但此时另一种被人忽略，类似学生的拒绝上学症的心理拒绝上班症出现了。

为什么有人会产生这种心理呢？这是因为他们有一种想从自己必须完成任务的现实环境与组织中逃脱出来的心理。而此逃避的倾向，就是因为他们认为自己所属的组织（也可以说是他们的工作单位）中的人际关系是一种负担，这种负担构成了精神压迫，使得他们拒绝上班。

主要的原因，是因为他们与工作场所中的气氛不能协调。换句话说，就是其内心与工作场所有差距。

基于此，这些人自觉无法忍耐这种差距，只好采取一种特殊行为填补这种差距，结果愈加精神紧张。当自我忍受不了时，他们就会想逃离工作场所。由此可知，这种人一定是尚未确立自我，且尚未完成与工作场所的同一性。

在任何团体中，总有一两个八面玲珑的人，虽然他们的表现方式各有不同。

这类人的典型行为是，他们能轻易地和陌生人打成一片，在同事聚会等活动中，往往是别人最常邀请的对象，对这点他们相当自豪。但他们很少想到，其实大多数的人，只有在无利害冲突的情形下才会邀请他们。造成此种行为的原因，是这些人始终对自己的存在价值不明确，亦即他们尚未确立自我信念，因此容易接受他人的想法、价值观，但也因此给人左右逢源的印象。

站在这个角度观察，这些人明朗快活的背后，隐藏着一份悲哀感，他们内心是很孤独寂寞的。

一眼看透彻你的员工

历史上,伯乐善于相马,然而"千里马常有,而伯乐不常有"。世间,有才华、有能力的人很多,只是善于相人而又懂得用人的人,恐怕并不多。所以,做主管的人,除善于相人之外,更要善于用人,这才是最重要的。相人之术有四点:

第一,以利诱之、审其邪正;

第二,以事处之、观其厚薄;

第三,以谋问之、见其才智;

第四,以势临之、看其能力。

"相由心生,貌随心转",一般的江湖术士算命,是从一个人的相貌来断定一个人的命运与未来。其实,人的命运不在相貌上,而在他的心地与行为上,所以真正会相人的人,要看这个人的心术正邪、待人厚薄、才情胆识如何。

第一,以利诱之、审其邪正:"君子临财不苟得,小人见利而忘义"。所以要知道一个人是正人君子或是奸佞小人,可以用重利来诱惑他,看他的态度、反应如何。如果是有道之人,对于无端而来的利益,他会一分不取,表现正直的本性;如果是无德之人,有一点小小的利益,他就如蝇逐臭,不顾一切,趋之若鹜。所以,是君子、是小人,利益之前,无所遁形。

第二，以事处之、观其厚薄：厚道的人，处世宁可自己吃亏，绝不以自己之长来彰显他人之短；薄德的人，遇事但求有利于己，不管他人的名誉是否受损。所以如果要知道一个人的道德厚薄，只要跟他相处共事，从他的行为，就能看出人格高下。

第三，以谋问之、见其才智：有智能的人，胸藏兵甲，腹有韬略，做事懂得安排计划，尤其善于出谋策划，如果你问计于他，他会有很多中肯的意见。如果是一个才智平庸、没有智能的人，胸无点墨，既说不出一点道理，也没有半点能耐。所以一个人的才智如何，看他谋事的能力即可。

第四，以势临之、看其能力：一个人如果能力不高，容易滋生事端；有能力的人，才能承担人任。要看一个人的胆识如何可以用权力来逼迫他。领导者要知晓下属能力，可以故意把事情搞得很复杂，然后让下属去判别。这样，领导者在不经意间更易识得人才。

这里有一个典型的事例。李德裕少时天资聪明，见识出众。他的父亲李吉甫常常向同行们夸奖李德裕。当朝宰相武元衡听说后，就把他召来，问他在家时读些什么书？言外之意是要探一探他的心志。李德裕听了却闭口不答。武元衡把上述情况告诉给李吉甫，李吉甫回家就责备李德裕。李德裕说："武公身为皇帝辅佐，不问我治理国家和顺应阴阳变化的事，却问我读些什么书。管读书，是学校和礼部的职责。他的话问得不当，因此我不回答。"李吉甫将这些话转告给武元衡，武十分惭愧。

有人评论说："从这件事便可知道李德裕是做三公和辅佐帝王的人才。"长大以后，李德裕真的做了唐武宗的宰相。

智慧之人会从扑朔迷离中判明真实情况，这种方向感有助于在实际的处世中保持清醒的头脑和敏锐的眼光，从而洞察事情的本质。这是领导者必具的才能，也是领导者选人应参照的一个重要因素。

有勇，诚是可嘉；有智，实也难得，但要有大智大勇之才，则是不易。领导者若能识出大智大勇之才并加以任用，必然会给自己的事业带来巨大的帮助。因为智勇双全之才，一方面有过人的谋略，在办事之前定经过一番周密的算计，对以后的行动有全面的指导；另一方面，还有敢于拼搏、敢于进取创新的勇气，而这往往又是许多人才所欠缺的。

南北朝时，北齐的奠基人高欢为试验他的几个儿子的志向与胆识，先是给他们每人一团乱麻，让他们各自整理好。别人都想法整理，唯独他的二儿子高洋抽出腰刀一刀斩断，并说："乱者当斩。"高欢很赞赏他的这种做法。接着，又配给几个儿子士兵让他们四处出走，随后派一个部将带兵去假装攻击他们，其他几个儿子都吓得不知怎么办，只有高洋指挥所带的士兵与这个将军相斗。将军脱掉盔甲说明情况，但高洋还是把他捉住送给高欢。高欢很是称赞高洋，对长史薛淑说："这个儿子的见识和谋略都超过了我。"后来高洋果然继承高欢的事业，成为北齐的第一位皇帝。高欢以是非识人，确实成功，而高洋也以自己的大智大勇成就了一番霸业。

一眼看真切你的朋友

每个人结交朋友都应分清朋友的类型。下面是朋友的几种主要类型。

诤友型。诤,直言规谏。即在朋友之间敢于直陈人过,积极开展批评的人。

奥斯特洛夫斯基说:"所谓友谊,首先是诚恳,是批评同志的错误。"交诤友是正确选择朋友的一个重要方面。诤友,像一面镜子,能照出每个人身上的污点。

《三国志·吕岱》篇中有这样一个故事,吕岱有个好友徐原,"性忠壮,好直言。"每当吕岱有什么过失,徐原总是公正无私地批评规劝。徐原的这种做法受到了一些人的非议,吕岱却赞叹说:"我所以看中徐原,正由于他有这个长处啊!"直言敢谏,言所欲言,指出朋友的过失或错误,这样才是对朋友真正的爱护。陈毅元帅曾写过两句诗:"难得是诤友,当面敢批评。"《诗经》上"如切如磋,如琢如磨"的诗句,也是说朋友之间要互相帮助,互相批评。人非圣贤,孰能无过?有了过失,在别人的帮助下,则可以及时发现并得到改正。

导师型。在人生的道路上,如果得到导师型朋友的指点和帮助,就能使你少走弯路。历史上不乏这样的例子,有的人竭尽平生之力,但在事业上一筹莫展,结果朋友的一句话,却使他顿开茅塞。"与君一席话,胜读十年书"就是这个意思。导师型的朋友往往在某一领域有着丰富的经验。科学史上戴维和法拉第的友谊，一直被人传为佳话。当法拉第成为近代电磁学的奠基人，誉满全欧洲时，他还是常对人说："是戴维把我领进科学殿堂大门的！"可见，导师型的朋友常为困境中的友人指点光明的所在，常为在事业上做最后冲刺的友人送去呐喊和力量。

患难型。顾名思义，患难之交对人生的重要性丝毫不亚于经久的交往，尽管时过境迁，但友谊却与日俱增。他们相逢于危难之中，相助于困难之时。

相同的命运和遭遇铸造了强有力的友谊的链节，使友谊牢不可破。因为他们相交于人生的十字路口，即使在一起的时间十分短暂，但毕竟相互分享了忧愁和困苦，这会使友谊因基础牢固而地久天长。

异性型。古今中外，都流传着许多男女之间友谊的动人故事。俄国音乐大师柴可夫斯基和梅克夫人之间的友谊，便是其中一例。有一次，梅克夫人在听完柴可夫斯基的《第四交响乐》后，回家马上写信给柴可夫斯基，"在你的音乐中，我听到了我自己……我们简直是一个人。"

由于性别上的差别，一般来讲，男性刚强、勇敢，女性心细、富有同情心。在困难和挫折面前，女性需要男性的保护和帮助，男性则需要女性的安慰和体贴。因此，异性之间的友谊也可以像同性友谊一样密切，并可产生特殊的力量。

信息型。这类朋友交友甚广，或从事新闻、资料和某种社会性工作，他们对新鲜事物有一种特殊的敏感，常被人称作"消息灵通人士"。在当今社会，信息已成为不可缺少的宝贵财富，众多信息报刊和沙龙的出现，就很能说明问题。据说有一位科研工作者花了近十年的时间，搞出了一项发明，后来才知道类似的产品早在十多年以前别人就已发明了，并申请了专利。这位科研工作者白白浪费了这么多时间和精力，如果当时有一位这方面信息灵通的朋友，事先把消息告诉他，就不会有这样的遗憾事了。

娱乐型。人，除了工作、学习之外，还需娱乐、休息。而且许多娱乐活动需要两人以上才能开展，于是，便产生了娱乐型朋友。德国近代蜚声文坛的大诗人歌德和席勒的友谊历来为人们称颂。他们两人经历不同，性格各异，但从 1794 年开始初交，直至 1805 年席勒去世，十载春秋，两人情同手足，正是因为他们的友谊植根于兴趣和爱好相同。正如歌德所说："像席勒和我这样两个朋友，多年结合在一起，兴趣相同，朝夕晤谈，互相切磋，互相影响，两人如同一人……这里怎么能有你我之分呢？"

人的生活岁月，主要由劳动时间和闲暇时间组成，兴趣和娱乐可以给事业增辉。值得一提的是，过去我们常把娱乐型朋友看成是吃喝玩乐的酒肉朋友，甚至把它与"轧坏道"相提并论。其实，这是一种偏见。

健康的娱乐活动能陶冶人们的性情，娱乐型朋友之间同样能建立真挚的友谊。随着人们物质文化生活水平的迅速提高，生活将变得更加丰富多彩，社交范围也势必随之扩大，娱乐型朋友必然会成为朋友中的一个重要类型。

一眼看分明你的对手

每个人的爱好、想法都不一样，所以我们经常遇到的对手也各不相同。

与人交涉时，倘若能够明白对手属于何种类型，应付起来就比较容易了。现在列举几类人供你参考：

（1）傲慢无礼的人。有些人自视甚高、目中无人，时常表现出一副"唯我独尊"的样子。像这种举止无礼、态度傲慢的人，是最不受欢迎的典型。但是，当你不得不和他接触的时候，你该怎样对付他呢？

某个单位的一位负责人，说话虽然客气，眼神里却有些许的傲慢，且不带一丝笑意，这种人实在是很不好对付的，当初次会见他的时候，给你的感觉是有一种"威胁"的存在。

对付这一类型的人，说话应简洁有力才行，最好少跟他啰唆，所谓"多说无益"，因此，你要尽量多加小心，以免掉进他的圈套里。

不要认为对方对你很客气，就礼尚往来地待他，实际上，他多半是缺乏真心诚意的，你最好在不得罪对方的情况下，言辞尽可能做到"简省"。

当然，任何一个人都有自己的立场和苦衷，这位负责人可能自觉"怀才不遇"，或怨恨自己运气不好、无法早点出头；又由于其在社会上摸爬滚打甚久，城府颇深，故尽管不受领导眷顾，也会在"保卫自己"的情况下，与人客气寒暄。因此，我们只要同情他，而不必理会他的傲慢，尽量简单扼要地交涉就可以了。

（2）沉默寡言的人。与不爱开口讲话的人交涉事情，实在是十分吃力的任务。因为对方太过于沉默，根本就没办法去了解他的想法，更无从得知他对自己是否具有好感。

曾有一位新闻记者，为人沉默寡言，怎么看也不像是个记者。无论你与他说什么，他总是以沉默回答，你真是拿他没有任何的办法。当有人给他介绍广告客户的时候，他也只是淡然地说声："哦！是这样啊。"然后手持对方名片，呆呆地看着。

对于这类型的人，你最好采取直截了当的方式，让他明白表示"是"或"不是"，"行"或"不行"，尽量避免迂回式的谈话，你不妨直接地问："对于甲和乙的两种方案，你认为谁的方案比较好？是不是甲的方案好些啊！"

（3）死死板板的人。这类型的人，就算你很客气地与他打招呼、寒暄，他也不会做出你所预期的反应来。他一般不会注意你在说些什么内容，甚至你会怀疑他听进去没有。你是否也遇到过此类型的人呢？

与这种人打交道，刚开始多多少少会感觉不安，但这实在也是没有办法的事情。

遇到这样的情况，你就要花些工夫，仔细观察，注意他们的一举一动，从他们的言行中，寻找出他们真正关心的事来。你可以随便和他们闲聊，只要能够使他们回答或产生一些反应，那么事情也就好办了。接下去，你要好好利用这一话题，让他们充分表达自己的意见。

每一个人都有他感兴趣和所关心的事，只要你稍一触及，他就会滔滔不绝地说，此乃人之常情，因此，你必须好好掌握并利用这种人性心理。

（4）顽固不通的人。顽强固执的人是最难应付的，因为不论你说什么，他都听不进去，只知道坚持自己的意见，死硬到底。与这种顽固分子交手，是一件累人且又浪费时间的事，结果往往徒劳无功。所以，在你和他交涉时，千万要记住"适可而止"，否则，谈得愈多、愈久，心里也就愈不痛快。

对付此类型的人，你不妨及时抱定"早散"、"早脱身"的想法，随便敷衍他几句，不必耗时、费力自讨没趣。

（5）草率决断的人。这种类型的人，乍看好像反应很快，他经常在交涉进行至最高潮的时候，忽然妄下决断，予人"迅雷不及掩耳"的感觉。由于这种人多半是性子过于急躁，因此，有的时候为了表现自己的"果断"，决定就会显得随便而草率。

由于他们的"反应"太快，每每会对事物产生错觉和误解。其特征是：没有耐心听完别人的谈话，往往"断章取义"，自以为是地做出决断。

如此虽使交涉进行较快，但草率做出的决定，多半会留下后遗症，招致意料不到的后果。

假如遇到此类型的人，最好按部就班一步一步来，把谈话分成若干段，说完一段（一部分）之后，马上征求他的同意，没问题了再继续进行下去，如此才不致发生错误，也可免除不必要的麻烦。

（6）深藏不露的人。我们周围存在着很多深藏不露的人，他们不肯轻易让人了解其心思，不愿让人知道他们在想些什么，有时甚至说话不着边际，一谈到正题就"顾左右而言他"。

当遇到这样一个深藏不露的人时，你只有把自己预先准备好了的资料拿给他看，让他根据你所提供的资料，做出最后的决断。

人们多半不愿将自己的弱点暴露出来，即使在你要求他给出答案或判断的时候，他也会故意装作不懂，或者故意闪烁其词，使你有一种"高深莫测"的感觉。其实，这只是对方伪装自己的手段而已。

（7）行动迟缓的人。对于行动比较缓慢的人而言，最需要的就是耐心。

你与对方交流的时候，或许也常常会碰到这种人，此时你绝对不能着急，因为他的步调总是无法跟上你的进度，换言之，他是很难达到你的预定计划的。因此，你最好耐住性子，拿出耐心，尽可能配合他的情况去做。

（8）自私自利的人。这世上自私自利的人为数不少，无论你走到哪儿，总会遇到那么几个。

这种人心目中只有自己，凡事都将自身的利益摆在前头，要他做些于己无利的事情，他是不会考虑的。

他们始终在计算着自身的利益。正因为他们最看重数字，故有所坚持的，一定是自己的利益；至于其他事情，他们不会在意怎么做好它，只考虑怎样做才最省事。这种悭吝之徒，任谁都不会对他们产生好感的。

但是，当我们不得不与其接触、交涉的时候，只有暂时按捺住自己的厌恶之情，姑且顺水推舟、投其所好。当他发现自己所强调的利益被肯定了，自然就会表示满意，如此，交流就会很快获得成功了。

（9）毫无表情的人。人的心态和感情，往往会通过脸部的表情显现出来，故在与人交流的时候，表情往往可供作判断情况的工具。

然而，有些人却是毫无表情可言的，也就是说，他的喜怒是不形于色的，这种人若非深沉，就是呆板。当你和这种人进行交际时，最好的方法就是特别注意他的眼睛和下巴。

常有人说："眼睛是会说话的"，诚然，眼睛是灵魂之窗，"观其眸子"

你自然可以知道他的心思。

往往，你可以从对方的表情中，看出他对你所持的印象究竟怎样？

有时候，自己会过分紧张得连表情都不很自在，此时，你不妨看看对方的反应：是不加注意、无动于衷，还是已然察觉、面露质疑？留意他的眼神，你一定可以得到答案。

有时候，适度的紧张和放松，也可以在交际中形成一种理想的气氛或局面。只是，当你明白对方的反应是受自己的应对态度所影响，进而影响到交际的结果时，就不得不特别注意、研究一下自己的言行举止了，尤其是脸上毫无表情的人更应注意才行。

MI
CRO-
EXPR
ESS
IONS

下辑
三两下，让别人跟着你的节奏走

第一章　动人心扉：让对方从心底悦服你

第二章　恰到好处：掌握分寸才能收放自如

第三章　左右逢源：将自己打造成吸引人的磁石

第四章　高筑壁垒：不做坏人但要防着坏人

第五章　大众归心：三两下让别人跟着你的节奏走

第一章　动人心扉：让对方从心底悦服你

要打动人心，让对方接受自己的意见，对自己心悦诚服，是一门高超的艺术，而其中最重要的，是如何揣摩对方的真实意图，了解对方的喜好，用喜好的东西引诱他，没有征服不了的。

以情感动人心

你有没有这样的经验：当你遇到一种困难，你认为某人可以帮助你解决，你本想马上找他，但你后来一想，过去有许多时候，本来应该去看他的，结果你都没有去，现在有求于人就去找他，会不会太唐突了？甚至因为太唐突而遭到他的拒绝？

在这种情形下，你不免有些后悔"平时不烧香了"。

法国有一本名叫《小政治家必备》的书。书中教导那些有心在仕途上有所作为的人，必须起码搜集20个将来最有可能做总理的人的资料，并把它背得烂熟，然后有规律地按时去拜访这些人，和他们保持较好的关系，这样，当这些人中的任何一个人当起总理来，自然就容易记起你来，大有可能请你担任一个部长的职位了。

这种手法看起来不太高明,但是非常合乎现实的,一本政治家的回忆录提道:一个被委任组阁的人受命伊始,心情很是焦虑。因为一个政府的内阁起码有七八名阁员(部长级),如何去物色这么多的人去适合自己?这的确是一件难事,因为被选的人除了有适当的才能、经验之外,最要紧的一点,就是"和自己有些交情"。

要和别人有交情才好结成各种关系,不然的话,任你有登天的本事,别人也不知道。

现代人生活忙忙碌碌,没有时间进行过多的应酬,日子一长,许多原本牛犟的关系就会变得松懈,朋友之间逐渐淡漠。这是很可惜的。万望大家珍惜人与人之间的宝贵缘分,即使再忙,也别忘了沟通感情。

"问世间情为何物,直教生死相许",作为一个普通人都难逃脱一个"情"字。尽管当今社会流行一句话:"认钱不认人",但是"人情生意"从未间断过。人们既然能够为情而死,那么为情而做生意又有什么不可呢?思想也是人之常情。

所以,营造关系网也需要"感情投资"。

让我们以做生意为例,所谓"感情投资",说简单点,就是在生意之外多了一层相知和沟通,能够在人情世故上多一份关心,多一份相助。即使遇到不顺当的情况,也能够相互体谅,"生意不在人情在"。

很多人都有忽视"感情投资"的毛病,一旦关系好了,就不再觉得自己有责任去保护它了,特别是在一些细节问题上,例如该通报的信息不通报,该解释的情况不解释,总认为"反正我们关系好,解释不解释无所谓",结果日积月累,形成难以化解的矛盾。

而更糟糕的是人们关系亲密之后,总是对另一方要求越来越高,总以为别人对自己好是应该的，但是稍有不周或照顾不到，就有怨言。长此以往，很容易形成恶性循环，最后损害双方的关系。

可见"感情投资"应该是经常性的，也不可似有似无，从生意场到日常交往都应该处处留心，善待每一个关系伙伴儿，从小处细处着眼，时时落在实处。

拉近彼此心理距离

在运用攻心方法时，只有缩短两人之间的心理距离，才能让别人跟着你的节奏走。

某位评论家在杂志上提到的，在百货公司买衬衫或领带时女店员总是会说："我替你量一下尺寸吧！"每当这时，这位评论家都会在心中喝彩道："嗯！这种方法真不错，我上当了。"

这是因为对方要替你量尺寸时，她的身体势必会接近过来，有时还接近到只有情侣之间才可能的极近距离，使得被接近者的心中，涌起一种兴奋感。

每个人对自己身体四周的地方，都会有一种势力范围的感觉，而这种靠近身体的势力范围内，通常只能允许亲近之人接近。这位评论家允许别人进入他的身体四周，就会有种已经承认和对方有亲近关系的错觉，这一原理对任何人来说都是相同的。

本来一对陌生的男女，只要能把手放在对方的肩膀上，心理的距离就会一下子缩短，有时瞬间就成为情侣的关系。推销员就常用这种方法，他们经常一边谈话，一边很自然地移动位置，挨到顾客身旁。

因此，只要你想及早造成亲密关系，就应制造出自然接近对方身体的机会。

每个人都有这样的同感，就是和初次见面的人对面谈话，真是一件不好受的事。这是因为两人的视线极易相遇，而导致两人之间的紧张感增加。

一位富豪说过，如果有他不愿意借钱的人向他借钱，他就会和他面对面交谈。因为这样谈话会使对方紧张而不敢乱开口，即使借给了他也不敢不还。而相反借钱不还的人，都是坐在旁边位置谈话的人。

与人交谈时坐在旁边的位置，自然就会轻松下来，这是因为不必一直意识到对方的视线，而只在必要时看他的视线即可。通常，比较重要的见面，都会为了使对方不紧张，并且令对方说出真心话而使用各种办法，其中之一就是在室内放一盆花，以便有一个让他转移视线的对象。另外，就是坐在对方旁边的位置与之交谈，对亲近感的增加很有帮助。"远交近攻"，只有缩短双方的心理距离，才能有效地实施攻心之术。

曲径通幽动人心

攻心是一门艺术，和阅人之术一样，有着一定的方法和手段。只有在懂得人心之后，运用恰当的方法才能助事情成功。

古代中东有一位国王,他昏庸无道,只知道沉迷于享乐,却不治理国家,以至于民不聊生,举国境内一片荒凉。因为这位国君生性残暴,没有大臣感直言进谏,稍一动怒,轻则会被打入监狱,重则人头落地。只能眼看国王昏庸下去。

一次,国王外出游玩,看到一个穿着破烂的人正在树下半躺着,而他仿佛没有见到国王一样,只是静静地卧在那,似乎正在集中精神做些什么。国王很生气,就派人询问那个人为什么见到国王毫无反应。侍者走到那人跟前询问了一番后报告国王说:"他说他是个隐士,能听懂鸟语,而他此刻正在仔细倾听树上鸟儿的谈话"。国王听后感到非常有趣,竟然没有责怪那人的无礼,而是走到那人面前,询问他到底听到鸟儿在说些什么。

隐士不紧不慢地走到国王面前说:"回陛下,树上的鸟儿正在谈论儿女婚嫁的问题"。国王听了更加好奇,赶紧问鸟儿具体是怎么说的。隐士却深深地鞠了一躬,答道:"臣不敢说"。国王赶紧答应恕他无罪。于是,隐士接着说道:"树上的鸟儿要结成亲家了,其中公鸟的父母询问母鸟的父母打算拿多少嫁妆,母鸟的父母回答说'我们打算拿五座荒村的树木作陪嫁',公鸟的父母则嫌太少了,说道'你们也太小气了,当今国王万寿无疆,只要在他的统治之下,拿十座荒村作陪嫁是不成问题的'"。国王听后,一言不发,回去之后一改往日作风,励精图治,终于成了远近闻名的英明君主。故事中的隐士真的很高明,他以委婉而又巧妙的方式,仅用三言两语就做到了多少人用性命去换也做不到的事情。从这故事我们可以看出,打动人心不是不可能的,只要方法恰当,攻势巧妙,就能达到想要的目的。

打动人心需要方法恰当,而采取直截了当的方式却并不可取。每个人都有着防范心理,直接讨好或请求的方式在打动人心方面往往是不可取的。打动人心,需要"曲线救国"的方式,要委婉的从其他方面对人心进行"围攻"，才能取得想要的结果，否则，很可能遭受失败甚至引起他人的厌恶。那么要怎样运用迂回的方式打动人心呢？以下的几点希望能有所帮助。

（1）冷静镇定、深藏不露

在与人交往时，要想赢得他人的好感，就一定要时刻保持冷静的头脑和镇定的情绪。攻心是一项艰难的任务，既要有耐心又要有智慧。在同他人交往时，我们很有可能会有感情或情绪上的波动。比如，某个人傲慢的态度难以接受，或是某个人的友好让人心生感动。这些情绪是要不得的，会影响对他人的判断，更会导致忘了初衷——打动人心。同时，也不能让他人洞察到内心的目的和想法，这样之前的准备和努力也就前功尽弃了。所以，要保持冷静的心态，这样才能控制情绪，时刻为攻心做准备。

（2）言谈中庸，保留观点

在和他人交流时，万不可对人对事大加评论，直言内心的想法和感受。这样做一是可能让对方感觉为人轻浮，喜欢议论他人，二是可能让别人借机窥探了你的内心。因此，对人对事都要持保留意见，要让对方觉得可靠，随和，而不是高傲喜欢议论他人，这既关系到留给他人的印象，又关系到他人对我们人品评判。

（3）规避对方敏感事物。

这一点是非常值得注意的。需要建立在对他人心理了解的基础上。每个人都有不愿提及的事和人。比如，一个人刚刚失恋，就不能在他面前提起关于爱情或约会的话题，这样会让人心生厌恶，认为是有意挖苦他人。而如果一个人刚刚参加完考核，看起来又没精打采，就不能贸然询问考核的结果。有时，出自内心的关心并不一定有好的效果，甚至会适得其反，这时，察言观色就显得非常重要。如果能体察他人的难言之隐，并注意规避的话，一定能赢来他人的好感。

（4）巧妙的赞美

没有人不喜欢他人的赞美。但是，赞美也是需要智慧的，过于直接的赞美很可能被认为是目的不纯、有意讨好。因此，赞美要找对时机，要赞的巧妙。比方说，如果想要赞美一位女士，那么赞美她的外表一定不会错。对于一位身材很好的女性，可以借询问她来对其进行赞美，比如用"你是不是学过舞蹈？"来赞美她的身材。她听后一定会大为高兴。而要想赞美一位身材稍胖的女士，可以说"老实说吧，你最近是不是经常健身"来暗示她变瘦了。

（5）投其所好

这是一种讨好他人的方式，以此让他人对我们产生好感。但是这有别于通常所说的近似于谄媚地讨好，而是一种委婉的获得他人好感的方式。比如，要获得一位男士的好感，可以从他的爱好下手，如果他很喜欢篮球。那么，关于篮球咨询的杂志及节目则是打动他的好办法，可以借此作为两人加深交往的开始，或是营造好感的开始。因为人们都喜欢与自己志趣相投的人。而如果是一位很时尚的女士，可以用其喜欢的限量版的物品的独家资讯打动她。但是，一定要表现的自然。

（6）温暖人心的关怀

人脆弱的时候，往往是赢得人心的最好时机。这时候，人的心里渴望关心安慰，希望自己从低沉的情绪中走出来。而温暖人心的关怀正是人们此时最需要的。比如，在发现某个人因为头疼而没有办法完成工作的时候，可以在自己条件允许的情况下帮助其完成工作，或是在他人感冒不停咳嗽时静静地递过一杯开水。这些事情看似微小，在打动人心方面却有着惊人的威力。

（7）宽容大度，不争强好胜

人们都喜欢温和宽容的人，而不喜欢事事争锋，积极表现自己的人。每个人都有虚荣心，都有嫉妒心，在他人面前总是表现自己优秀之处的人很容易引起他人的反感。因此，为人要低调随和，即使是面对一个这样的人时，也要用一颗包容的心去面对，而不是与之比较，不分胜负决不罢休。在与人交往中，要适时的藏起自己的锋芒，这样才会得到他人的喜爱和尊敬。

其实，不仅仅在打动人心方面需要"绕圈子"，用迂回的方式打动人心，生活中的很多事情也不能采取"强求"的态度，要懂得旁敲侧击，以柔克刚。这恰如流水的品质：流水温柔，却水滴石穿；流水无形，不惧尖峰利石；流水有志，所以水到渠成。

夸人夸得恰到好处

常常听朋友讲，夸人真难！的确，赞美是一门需要你潜心修炼的艺术。不过，只要你领悟了其真谛，掌握这门艺术并不难。

赞美可以使微小的付出赋予别人无与伦比的满足感，成为别人幸福的源泉，增添生活的动力。给人以快乐，你可以用很多办法。买一块巧克力可以拢住一个孩子，送一支鱼竿给老人能给他的晚年平添几分金色，发点奖金可以激发下属的干劲，请朋友"撮一顿"能够增进感情密切沟通，物质手段可以暂时满足一个人的欲望，但缺乏持久性，而且你需要付出太多，财力有限时甚至会成为你沉重的负担，与之相反，一份看似微薄的感情投资却会使付出者和接受者双双受益匪浅。这份投资就是赞美。它不需你付出多少时间、精力和金钱，只需你坦诚地热爱、关心别人，留心生活，做一个细心人、热心人，就会给你周围的人送去春之温暖，夏之清爽，你不经意的一句赞美，便会如阳光雨露，使他信心倍增。

赞美一般都暗含着某种价值判断的标准和参照系数，包含有"比"的因素在里面，或者是与赞美者自己相比，或者是与周围的人相比。总之，是通过比得出对方的优越之处，找到可赞美之点。俗话说：人比人，气死人。表面上看来，大千世界，千差万别，"气"的确是有理有据。实质上，主要是对自己缺乏信心，老感到自己不如对方或担心自己不如对方，因而不但没有勇气为对方喝彩，反而滋生出一种极度失衡的消极心理。为什么要生气呢？既然比能发现对方的优点和成绩，何不为对方高兴一下？来个"比一比，照一照，让大家都更俏"！即你好，我好，双方皆赢。这是一种既自信、自爱、自尊、勇气十足，又尊重、容纳、肯定他人，促进你我共同进步的交际意识，是一种崇高的赞美境界和高超的处世水平。

日常生活中，许多人经常遇到别人比自己强的情形，却没有勇气和信心说出自己心底的赞美。他可能是一位憨厚正直、老实巴交的人，能够发现别人的优点和长处，却不好意思表达出来。"不好意思"实质上就是缺乏自信心和勇气的一种托词而已。或者他认为自己与之相比，相去千里，不言自明，自己即使赞美出来，也是"人微言轻"，犹如一位丑妇赞美一位美女，没有分量，这也是自信心不足的一种潜台词。或者，他是一位胆小怯懦的人，害怕说出赞美的话会引起别人对自己产生不好的看法或怀疑。

其实，赞美不仅不会伤害、刺激你，反而会使你从中领略人生的深蕴，逐步改造自己，最终鼓起自己的信心和勇气，增强自己赞美的力度，提高为人处世的能力、水平和技巧。因为赞美别人是一个非常复杂的心理过程。

首先，你在赞美别人之前应深刻了解别人的优点和长处，分析其特点，弄清其心理。

第二，你要在同自我，同其他人比较中发现对方的优劣、长短，结合具体事情进行赞美，以使对方深感愉悦。

第三，要通过赞美对方寻找压力和动力，取人之长，补己之短，逐步缩小与对方的差距，或者在某一方面超越对方。这无疑增加了自己的信心和勇气。

提高赞美水平的过程，也是一个自我改造、自我提高的过程。通过赞美别人，你失去的只是胆怯和自卑，获得的永远是信心和勇气，是朋友和快乐。

笑是最动人的音符

微笑是世界上最美丽的语言。在人际交往中，微笑的作用是不能忽视的，无论对方拥有什么样的性格，多么难以相处，都不会拒绝一个善意的微笑。一辆警车正追赶着一个持枪抢劫的歹徒。

走投无路的歹徒拎着巨款跑进了一所居民楼，闯进了一扇虚掩的门。一个身材颀长的女孩正背对着他坐在窗前插花。

听到了声音，她转过身来。歹徒惊呆了，因为他看见一张阳光般灿烂的笑脸，而且她竟是一个盲人！女孩幸福地笑着说："你是在电视上知道我的吧？没想到，在我即将离开这个世界的时候，大家都这么关心我"！

歹徒突然对这个女孩产生了好奇："你刚才说你即将离开这个世界？"

"是啊,我有先天性心脏病,医生说我最多活到19岁。再有几天就是我19岁生日了。"

"我为你感到遗憾,你和我一样,要是能有更多的钱也许你会很快乐地生活下去!"歹徒苦涩地笑笑。

女孩微笑着说:"你说错了,现在虽然没有钱但我感觉到了活着的快乐,我反而为那些用自己的生命换取金钱的人感到可悲!因为他们并不知道,快乐与否跟金钱无关。"

"你的插花真美,就像你的微笑那样让人着迷。我要去上班了,再见!"说着,便走出了她的家。

荷枪实弹的警察没费一枪一弹就抓获了歹徒。警察给他戴手铐的时候,他只说了一句话:"请不要惊动那个女孩,更不要告诉她刚才发生的一切,好吗?"

一周后,在当地媒体对这一事件的后续报道中引述了劫匪发自肺腑的话:"我最应该感谢的是她的微笑,如果没有她那粲然的一笑,根本就没有使我俩活下来的机会:她会死在我的枪口之下,而我则会在负隅顽抗中死于乱枪之下!是她的微笑救了她自己,也救了我。虽然她是一个盲人,但她显然懂得微笑对一个人的伟大意义"。从这则真实而又感人的故事中我们可以感受到微笑的力量。微笑的作用是无穷的,力量是强大的,像一缕阳光照进人们的内心深处,驱走了黑暗与阴霾。如果在人际交往中感到手足无措,没有方向,那么试着对他人微笑吧,这会是一个很好的开始,更是最有效的办法。

世界顶级化妆师曾说:"微笑是最好的化妆品"。微笑是美丽的使者,是最有价值的配饰,如果能用微笑装扮自己,不仅能提升气质,更能提升他人心中的好感。"回眸一笑百媚生,六宫粉黛无颜色",看看杨贵妃就知道微笑的力量了。

微笑是保护自我的一种方式。人有感情，有各种各样的情绪，但是出于各种各样的原因，人们必须隐藏内心的感情而不能将其表露出来。当人们不想流露内心的想法时，一个微笑往往能将问题掩饰，让一切看起来云淡风轻。

微笑也是缓解人际问题的一剂良药。当双方的关系陷入一个不自然的局面时，一个恰当的微笑往往能让不愉快烟消云散。微笑的作用是世界通用的，无论国籍语言、种族身份，仅仅一个微笑，所有人都会明白其中友好的含义。

因此，要想拥有良好的人际关系，获得人们的认可与好评，就要学会使用微笑，用微笑营造良好的人际氛围和自身形象。然而，微笑有很多种，不同的微笑有着不同的含义，要想成功实现微笑的价值，还要学会使用不同的微笑。

（1）真诚的微笑

成功的人际关系离不开真诚的微笑。人们每天都会和不同的人打交道，都需要一些约定俗成的客套语来表示礼貌与友好，然而，没有什么语言比得上一个微笑的作用。这个微笑要发自内心，充满真诚，因为真心的微笑是可以看出来的。如果在与周围人接触时，适时的用真诚的微笑表示友好，一定能用美好的心意感染他人，而他人也会用真诚回报我们。

（2）友善的微笑

人与人之间难免出现摩擦与误会，但是如果任由他们扩大发展，一定会成烈火燎原之势，最终殃及自身。所以，大度与宽容是必要的。但是，由于处境的尴尬和自尊心的需要，人们很难用语言解决所有问题。这时，一个善意的微笑将会替代所有语言来解决问题，将不快与矛盾化解，因为对方感受到了善意与真诚。

（3）歉意的微笑

每个人都会犯错误，而这些错误很可能对他人造成影响。这时，除了道歉以外，还要用歉意的微笑化解对方心理的疑虑。因为，从微笑中，对方能够看到你道歉的诚意，感受到你的认真负责，有所担当。也会因此对你产生积极的印象。

（4）信服的微笑

一个受人欢迎的人绝对不会是桀骜不驯，高傲自大的。只有虚怀若谷，谦虚随和才会赢得他人的好感和爱戴。因此，当他人取得成绩时，应该报之以泰然的态度，而不能因为他人的优秀而表现的很不服气，甚至产生嫉妒心理。人都要力争上游，但是绝不能表现的有失风度。要试着泰然的接受他人的成绩，如果对其报之以信服的微笑，要胜过很多句恭喜之类的祝贺的话语。信服的微笑不仅会让对方感受到我们的胸怀，还会迎来他人的好感，因为没有人不喜欢欣赏信服自己的人。

（5）职业的微笑

有一些职业主要和人打交道。这类的职业最重要的业绩保证就是良好的人缘。比如销售类行业，从事这类职业的人需要经常性的与他人打交道，而他人的印象也往往决定着销售的业绩。身处这类职业的人如果能够经常带着职业的微笑同客户打交道，一定会赢的更多人的好感，让业绩更上一层楼。

（6）礼貌的微笑

在正式场合往往会有很多必要的礼仪。可是，却有很多人将这种礼仪变成了不得不应付的程式化过程，他们表情冷漠，很容易看出内心的不情愿。而这类人给人的印象也往往是消极的。所以，如果能够在表现必要的礼节时带上微笑，一定会给他人留下难忘而美好的印象，这对人际交往也是很重要的。

舍得微笑，收获真诚；舍得微笑，收获善意；舍得微笑，收获尊敬；舍得微笑，收获友情；舍得微笑，收获成功，舍得微笑，收获人生。带着微笑面对周围的人，带着微笑面对生活吧！

眼神也能征服人心

眼神是灵动的，因为眼神是思想的折射；眼神是有力量的，因为它是心灵的表达；眼神是震撼的，因为眼神中蕴含着丰富的情感。要想打动他人的心，收获良好的人际关系，就要善用眼神的力量。

小马是位的年轻主管，上任还没多久老总就要他接手一件非常重要的策划案。小马深知这项策划案的难度与重要性，于是心里很是犹豫，生怕自己做不好。他虽然在口头上答应了老总，但内心里却很纠结，感到忐忑不安，眼神中流露出了不自信的恍惚。老总注意到了这个细节，但他并没多说什么，而是给小马倒了杯咖啡，和他闲聊起其他的事情。在谈话快要结束的时候，老总拍拍小马的肩膀说："小伙子，好好干，你会做得很好的。"并用他充满阅历的眼神凝视了小马很久。小马在老总的眼神中看到了他对自己的信赖、肯定、鼓励与期望，心中瞬间充满了力量，觉得自己不能辜负了老总的青睐。于是他信心百倍并全身心地投入到了工作当中，最终非常完美地完成了这项工作，并被提升成了项目经理。

在人际交往中，眼神的作用是不容忽视的。正像故事中所表现的那样，眼神能够以其蕴含的情感来打动人心。很难想象没有眼神的交流是不是会有友情产生，是不是会有爱情的发生。而人们在交往中，也会经常体会到眼神的重要作用，一个不能直视你的人不会让你相信，而一个善意的眼神往往会让人感到温暖舒心。因此，在人际关系中，善用眼神的力量往往会得到非常好的效果。下面的几点将会具体说明怎样用眼神来打动人心。

（1）真诚与善意的眼神

当我们想要和对方友好地交流，建立能够互信互助的良好关系时，就一定要用自己的真诚与善良去打动对方，因为没有谁会愿意与一个充满虚伪、心地不善的人建立亲密的关系。想要向人展示自己真诚与善良的一面，不能只在语言上下工夫，眼神的力量也是不可忽视的。如果一个人看似在向我们诉说心事，在流露出自己真情一面，却不跟我们进行眼神交流，在他的眼中根本看不到真诚与善意，那么我们往往不会对他们的"真情流露"产生共鸣，因为我们会直觉地判断出他们并不是在和我们倾心交谈，甚至可能会有别的目的。

因此，想要打动对方，我们就要注意在交谈过程中一定要恰当地进行眼神的交流，用饱含真诚与善意的眼神告诉对方你的诚意，这样对方才会与我们坦诚相见，对我们敞开心扉，为建立起友好的关系打下坚实的基础。

（2）鼓励与支持的眼神

生活中人们往往难免会遇到这样的情况：想要去做某事却因为缺乏自信而犹豫不决；马上要去做一件对自己来说很有意义的事却由于担心自己能否成功而紧张不已……当人们处于这种类似的状态时，非常需要别人的鼓励与支持。然而这个时候，语言往往不能很好地发挥作用，不能很好地表达我们的情感，因此，我们一定要适时地用鼓励与支持的眼神表达对他们的理解与信任，告诉他们要振作。那么对方的心一定会被我们的关注而打动，在增强自信，坚定自己信念的同时也会对我们心存好感。

但是有一点我们要切记：在向对方投以鼓励与支持的眼神时，尽量不要微笑，这样会让对方误以为我们是在嘲笑他们的处境，不仅不会起到打动人心的作用，还会带来负面的影响；也不能面色凝重，这样会让人觉得你是在担忧他们的处境，不仅不会增强他们的自信，反而会令他们更加怀疑自己的能力。

（3）热情赞美的眼神

林肯曾经说过："人人都喜欢受人称赞。"喜欢从别人那里得到赞美是人类的天性。赞美是一种艺术，正确运用这门艺术，会使被赞美者心情愉快，而作为赞美者自己，也会从中感到快乐。有时候一个充满热情的赞美的眼神会比赞美的话语起到更好的效果，因为语言往往不能全面准确地将我们的心思表达出来：说得过少会达不到我们想要的效果，说得过多又会显得比较做作，给人不真实的感觉。所以，我们一定不要吝啬自己赞美的眼神，适时地加以运用会给我们带来许多方便。例如，当人们经过精心装扮或者换了一身新衣服出现在我们面前时，我们一定要适时地向他们投去充满赞美的眼神，让对方体会到我们的关注与赞赏。这样我们与对方之间的距离就会迅速拉近，那么接下来地交谈就会轻松很多，使我们更容易达到我们的目的。

不过当我们运用赞美的眼神时，一定要掌握好分寸，既要让对方看到我们的关注，又不能让人觉得我们是在刻意关注他们，这样会让他们觉得难堪。比如，当我们要赞美面前刚换了一身新衣服的人时，就要注意：切忌对人上下打量，因为这样会让别人觉得不自在，甚至有种被嘲笑的感觉。

（4）深切关心的眼神

生活中，人们难免会有情绪低落的时候，有时是因为遇到了挫折，有时是因为身体的不适，有时是因为亲人出现变故……这时，人们最需要的就是别人的关心。然而，在不同的表达方式中，用眼神向对方表示自己深切的关心无疑是种极佳的选择。例如面对刚刚遇到挫折而情绪低落的人，我们往往不容易找到适宜的语言去安慰他们，因为这时的他们大多不愿再回忆起这次让人不快的经历，而如果我们转移话题与对方谈论其他的事情又显得对他们情绪不佳的事实有所忽视，也会让对方心里不舒服。因此我们不如用深切的关心的眼神来传达自己对对方的关注和支持。这样对方往往会感受到我们的关心，也会体会到我们的用心良苦，从而被我们的举动所打动。

然而在给予对方关心的眼神时也要格外注意：我们的眼神中要有理解，关心，支持的味道。一定不能面露笑容，这样会给对方造成你是在嘲笑他的错觉；也不能太过凝重，这样会让对方误以为你是在表达一种无奈或者对他们处境的担忧，这无疑容易让他们失去对自己的信心。

（5）真心倾慕的眼神

当遇到喜欢的人时，人们往往希望对方也能对自己倾心不已。在这种情况下，眼神无疑是打动对方的最佳武器。因为有些情况下，我们无法通过言行和对方近距离交流。但是，如果我们不采取适当的行动，很有可能错失良机，而被他人占了先机。因此我们可以选择恰当的地点，适当的时机向对方投去倾慕的眼神，最好能有目光的直视。那么，让对方动心的可能就更大了。因为有科学研究表明，两人间的爱情，首先开始于四目相对。可是，有一点必须注意的是，用眼神表达自己的倾慕时也要掌握好尺度，不能一直紧盯着他人，以免让对方误以为我们是居心不良。

眼神是一种无形的力量，更是一种无声的语言。饱含情感的眼神往往要比直接的言语表达更加有效，它不受时间地点的限制，更不受身份地位的约束。如果能够善用眼神的作用，一定能够赢得他人的好感和尊敬。

尽量去考虑别人的感受

让别人跟着你的节奏走时，首先应该考虑对方的感情，看他是否乐意，心中有何想法，是否接受。

人是感情动物。我们主观上讲逻辑讲道理，但不应该忽视感情这一点。如果你想跟别人建立成功的关系，就要考虑到别人的感情。正如保罗·帕卡所说："在与人交流中讲感情比讲理性更能成功。"

例如有个故事，说的是一位女士进一家鞋店买鞋。鞋店的一位男店员态度极好，不厌其烦地替她找合适的尺码，但都找不到。最后他说："看来我找不到适合你的，你一只脚比另一只脚大。"

那位女士很生气，站起来要走。鞋店经理听到两人的对话，于是叫女士留步。男店员看着经理劝那女士再坐下来，没过多久一双鞋就卖出去了。

女士走后，那店员问经理："你究竟用什么办法做成这生意的？刚才我说的话跟你的意思一样，可她很生气。"

经理解释说："不一样啊，我对她说她一只脚比另一只脚小。"

经理也把真相告诉那位女士，但他考虑到她的感情，而且跟她说话时讲究技巧，又带着尊重。他从那位女士的角度看问题，所以成功了。看出别人的感情，然后以尊重的态度为别人考虑，这种本领真是十分有用的。正如小说家约瑟夫·康拉德说的："给我合适的字眼，合适的口气，我可以把地球推动。"

只有考虑到别人的情感，照顾到别人的情绪，在请人办事时才有可能被人接受，不至于一口回绝。

你需要知道别人的感受，并且在处理自己的事时把这点也考虑进去。不这样做就是贸然行动，徒然让别人看轻你。通常在你认为你有考虑别人的感受时，你真的在做的，只不过是想如果你站在他们的立场时，你会怎么做。如果不再揣测别人的感受，又没有从对方处得到足够的信息，你可能只会暴露对别人了解的不足。一旦你把这些莫须有的看法套在别人身上，别人就会对你失去信心，他们会因为你不了解他们而觉得受到伤害，有时候在极端的情况下，他们会觉得受到玩弄而变得反抗性十足。

你得注意每个人都有相当多不同的个人经验，而在你能够接近他们或者改变他们的看法之前，这些经验构成了他们对事情的看法。要改变别人的态度，通常即意味着要开启他们潜藏在背后的情感，然后提供更好、更有用的其他选择给他们。

记住：对别人而言，你是站在围墙的另一边。所以他只能从他的利益观点来看事情。考虑一下他的看法、感觉是什么，还有为什么。他知道他的问题在哪里，大概相信比较起来你的问题还比较次要，这又有部分是源自每个人固有的孩子气且以自我为中心的观点。

如果你想要开始了解别人，你必须这样做：让他们说话，并试着让自己站在他们的立场上。有求于人时更应如此。

俘获对方的信任感

想让别人跟着你的节奏走，就必须要让别人对你有一种信任感，帮他解脱各种烦恼是他人对你信任的一种重要途径，也是交换法的一种方式。

人们对于能理解自己欲求不满和烦恼的人的忠告，无疑会洗耳恭听。

对身居企业要职的人而言，人事变动是最头痛、最讨厌的时候。即使考虑得非常周到，而且各得其所，然而新被调动的职员当中仍有不少人对人事部门不满，觉得自己被贬职了。

为了让职工心甘情愿地接受公司的安排，他们必须试用各种手段来说服手下，而这情形往往搞得主管人员力不从心。

某家大公司的人事主管，在说服被贬职的职员方面很有一套攻心的办法，可以让他们心服口服。

首先，他把职员一个个叫来，慢慢地和他们交谈，先让他们尽量说出心中想说的话，等到算准对方说得差不多时，才适时说出"你的心情我很了解"，单靠这一句话，许多人便会做出松了一口气的表情。之后，他再接上这样的话：

我要是你的话，会喜欢待在小公司呢！不但没有烦人的人际关系，且可尽量发挥所能，而且被肯定的机会也很多。事实上有许多人正因为在分公司的成绩而造成升迁的机会！

这个人事主管的说服法，实际上也可说是相当于妥协的"不直接手法"。这种方法是：协调者不说半句意见或感想，光只是听对方的言论。

人们坦白道出心中的不满和烦恼，如果知道能被接纳的话，心中的迷惑便能一扫而空。因为对方倾听我们的话，感觉对方站在与自己同样的立场，因而产生了解脱的心理。

观赏电视上的"烦恼协谈节目"可以发现，几乎百分之百的协谈者都把"如果是我的话"挂嘴上。比如一口气听完因离婚问题而苦恼的求助者的现状后，协谈者会说"如果我是你的话，会再忍耐一段时间"，求助者之所以毫无理由地服从了这句话，无非是因为听到"如果我是你"之后，产生了"这个人完全站在我的立场为我设想"的错觉罢了。

一旦陷入这种心理陷阱，对于后面的建议，即使对自己不利，也会认是为了自己好而洗耳恭听。

甜头要一点一点给

记得有这样一则寓言，说的是一个车夫为使拉车的驴子跑得快些，便将一把青草拴在车子前面，恰巧离驴的嘴巴有半尺远。驴子为了得到那把绿茵茵的青草，便拼命地向前跑，可无论怎么努力，那把青草离驴子还是那么个距离。正所谓，"看起来很近，走起来却很远"。其结果，草依旧是那把草，驴子却不是那头精神饱满的驴子了。当然，这个寓言说得有点过分。

车夫完全可以在拉完货后，毫不犹豫地将那把已经有些发黄的青草丢到驴子脚下，任其去品尝胜利所带来的喜悦。因为那青草遍地都是，远不必那么惜如金玉。

每个人都会有"给人好处"的经验，而唯有给人好处，才能从别人身上也得到一些"好处"！如果从不给人好处，那么这个人不会有太大的成就。

给人好处还是有一些学问的，别以为"给"这个动作很容易，我认为，给得不恰当，不但对方不会感激你，有时还会怨你哩！你白白损失"好处"，又招人怨，天底下再也没有什么事比这更冤的了。

所以，要给人好处，就要给得"恰到好处"，也就是说：不轻给、不滥给、不吝给！

所谓"不轻给"就是不轻易给对方，总是要让对方为这"好处"吃一些苦头，花一些心力，让他在"付出"之后才"得到"，这样子他才会珍惜这"得来不易"的好处。

如果你因为身上有太多"好处"而随便给人，或想以"好处"来讨别人欢喜，那么不但他不会珍惜这些"好处"，对你也不会有任何感激之心，反而还会嫌少、嫌不够好，甚至一再向你要好处，你如不给或给得不如前次好、不如前次多，对方便要怪你、恨你，比你不给他好处还怨得深、恨得厉害哩！

不过，"不轻给"也要拿准分寸，如果你是故意不给，或摆明有意要在"折磨"他之后才给，那么你有可能招怨；你要向对方表明你的"好处"其实不如他所想的那么好那么多，要给他也有身不由己的困难，或是还要同他人"研究研究"等等。

决定给他好处了，你也要让他知道，你是如何费尽九牛二虎之力才促成这件事，这样子，对方受了你的好处，心里多少也会有压力，对你的感谢，自然不在话下，而且也不会动不动就来向你开口，这样你给人好处才给得有价值有意义！

"不滥给"就是"不乱给"，该给谁、给多少都要有准则，否则会出现和"轻给"一模一样的后遗症，而且还会造成是非不明的结果。

"不吝给"是指应该给、必须给、不得不给时，就要毫不吝惜地给、慷慨大方地给；不怕给得多，只怕给得少。这种情形包括人家有恩于你时、奖赏有功的属下时、要重用某人时、要收买人心时，以及情势所迫时。

如果你给得少，给得不干脆，那么这"好处"的效果会减很多，甚至还会引起反效果，得不到别人的感谢也就罢了，有时还会招怨！

古代有很多皇帝就是因为"吝给"将领好处而吃苦头！而最不吝给的当属刘邦了，刘邦还在打天下的时候，有次遭围困，便驰函叫韩信来救，韩信复函要求刘邦封他为"假王"，以方便调兵遣将，刘邦有被韩信"威胁"的不愉快，正要发作，张良踩他一脚，刘邦立刻说："男子汉大丈夫，要做就做真王，做什么假王？"于是立刻封韩信为王，派人驰送印信，调兵前来解围！刘邦的"给"，给得多漂亮！而项羽之败，其实也就败在"吝给"，可见"好处"能不能给得"恰到好处"，是影响重大的哩！

把小事做成大人情

孟尝君的门客冯谖开始不被重用牢骚满腹，后来得到孟尝君的礼遇。一次孟尝君派人去他的封地薛邑讨债，冯谖自荐，便问：不知用讨回来的钱做什么？需要买什么东西？孟尝君说：就买点我们家没有的东西吧！冯谖领命而去，结果把债券烧了，一文不取。贫困的薛邑老百姓没有料到孟尝君如此仁德，个个感激涕零。冯谖回来后，孟尝君问：讨的利钱呢？冯谖答说：不仅利钱没讨回，借债的债券也烧了。孟尝君很不高兴。冯谖说：你不是吩咐说要我买家中没有的东西回来吗？我已经给您买回来了，这就是"义"。焚毁了债券，对您没什么影响，买来了仁义，对您收归民心可是大有好处啊！数年后，孟尝君被人诬陷，相位丢了，回到封地薛邑。老百姓听说孟尝君回来了，全城出动，夹道欢迎，表示愿意拥戴他。孟尝君非常感动，理解了冯谖"买义"的苦心。

要卖乖总不能永远一毛不拔，能够低成本买得人心，也不失为投机取巧的好方法。

某企业董事长的家里，每到年底时，都会收到堆积如山的赠品。由于太多，所以听说这位董事长只留下合意的礼物，其余的都退回百货公司。

然而，有一年岁末，这位董事长却想不到地收到了令他满意的礼物！那是在美国流行的"高丽菜田娃娃"，不知是怎样寄来的，总之是送给董事长的小女儿的。赠品也很别致，而把这别致的礼物不送给董事长而送给他的女儿，的确令人深感其诚意。

有人出席某电气厂商主办的演讲会。演讲后，对送到车站来的主办单位的人员无意中提起"我母亲目前住院……"第二天，也不知演讲会的主办经理怎样打听到的，竟然到此人的母亲入住的医院来探病。此人在震惊于主办者意想不到的好意的同时，感激之情不可言表。

从这两段故事中可以发现，有人对有直接利害关系的一方送礼，对方往往会视为理所当然而接受，甚至有时会觉得是否有何居心，而产生警戒心。但是，不对其本人而对他的家人表示深切关注，对方就会想道："看，人家甚至用心到了这样的地步！"较之自己的被厚待更加深深感动。就好像"射将先射马"一样，比本人更加厚待其周围的人的做法，使没想到那么远的对方，同时深深感到自己的费心，也是一种具有效果的手段。

某公司接待客户时，总是连太太一起招待。单单只招待客户的话，只不过是利益交换，类似商场上的关系，但由于太太们的加入，便变成了不正式的关系。更进一步说，是从理论的境地进入了友情的境地。而且很少有机会参加宴会的太太们，对于公司的周到也会十分感激，太太的这种情绪，应该也会传达给先生。于是会不自觉地对接待公司"感恩"。

另外，慈善捐助、义卖救灾等一些热心公益事业的活动，便是一种看似倒贴、实质更赚的卖乖，是在做"软"广告。当然我们欢迎这种面向社会大众的卖乖。

在这方面，赛菲尔现象值得注意：南京大学学术报告中心，2002年8月中旬推出了一个"赛菲尔演讲周"的活动，演讲者有南京经济电台"今夜不设防"主持人甘霖、影视专家孟健等名士，他们纵横捭阖，跟踪时代的课题，一时间引起社会各界的极大关注，一周内涌向南京大学的市民及学生不下 20000 人次。若你想知道"赛菲尔"是何许人也？那你就成了它的广告对象，原来它是一家洗涤用品公司，经理代表"赛菲尔"主持讲座，一群身披绶带的赛菲尔小姐不断散发宣传资料，喷洒公司产品之一空气清洁剂并在门外大厅免费试用，优惠销售该公司的化妆品。借助新闻界的热情传播，赛菲尔一举成名，在社会上刮起一阵不大不小的旋风。而整个活动，主办者仅出资四五千元，这费用还不够在电视台黄金时段播一次简短广告。"赛菲尔现象"传导出的启迪是，以卓越深远的眼光资助非盈利甚至倒贴的社会公益事业"无私地"奉献于人，知讯者将不会忘记它进而将适时拥有它。

借"软广告"方式，还能成功地把广告打入一些广告禁地。众所周知，天安门广场和天安门城楼是严拒任何形式广告的"圣地"，而作为中华民族象征的天安门，新中国成立以来牵动了多少华人的心，怎不令各路诸侯垂涎欲滴，怦然心动？幸运总垂落到那些善于把握机会的人手中。天安门城楼一年一度的粉刷，看似与人无关，却引起一位智者的关注。在国庆 44 周年前夕，天津华旗集团公司的总经理专程上京，将一张 50 万元的支票交给天安门广场管理委员会。捐赠仪式请来了中央、北京市和天津市的有关部门负责人，活动被命名为"我爱北京天安门"，新华社向全国播发电讯，当用这笔款项把天安门城楼修饰一新，并在城楼上装饰一座贵宾休息室后，来自全国乃至世界各地的参观者，看见五星红旗这"中华的旗帜"在空中招展的时候，华旗就无疑地在人们心中为自己矗立起一座无形的丰碑。

最后再介绍一个让利促销大得人心的卖乖实例。

1994 年 11 月 14 日，杭州市南元百货大楼开始试营业。开业伊始，同时推出的三项举措，有新意，有声势。他们的创新，一是在让利促销方面，没有沿用人们习以为常的让利几折的做法，而是每天出售一种不赚一点利的商品，这让人感到既新奇而实在。二是在监督方面，设立南元联谊服务台，为顾客计量复核，主持公道，远比挂在墙上的顾客意见簿更为可信。三是服务，他们在礼貌待客、送货上门等方面，大大拓宽了服务范围，每天晚上6：30—7：30派出"免费特快班车"，东西南北四个方向接送顾客，足见服务到家。三项举措，每一项单独推出，都会引起公众一定的反响。三项举措同时推出，这便形成了强大的宣传声势，让顾客在购物、价格、安全、服务等方面，全方位地感受当"上帝"的滋味，这必然会在公众心中形成强大的冲击波和诱惑力，以致人人心动手痒，急于到南元百货大楼走一回。

企业开业，亟待提高知名度、美誉度。企业开业面对社会公众也和人际交往中初次接触一样，容易形成第一印象。这第一印象在人的大脑里先入为主，又往往成为人们认识对方的起点，并在一定程度上影响和制约着此后的交往。所以，企业在开业、试业中的公关活动就显得十分重要，企业应慎之又慎，拿出自己的卖乖高招。

用真诚去交换对方的真心

首先需要说明的是，如果你的社会地位、权力实力、经济能力尚未强大到一定程度，或者你面对的对象非心地厚道、性格善良之辈，你不必看这一节。

否则,你照法行事,会被人认为愚昧、软弱、好欺负,而屡遭伤害与侵犯,就像一个强者对弱者说"我将原谅你"那是宽容;而如果一个弱者对强者说"我将原谅你"则显得可笑了。

同样的道理,两个互相对峙的对手如果彼此身后都有足够的空间供他们后退,那么,当对方向你进逼的时候,你进退得宜,退一步退两步都没有什么危险。相反,如果你是站在悬崖边上同人对峙,你没有后退的余地,退一步就意味着毁灭,意味着摔死在悬崖下。

当他人以谎言对待你的时候,如果他的谎言将危及你的根本利益,你自然可以以牙还牙、以毒攻毒,毫不留情。

但事实上,我们在现实生活中面临的大部分谎言并没有达到生死攸关的地步,以牙还牙、以毒攻毒的方式于事情的解决并没有明显的好处。都很可能会出现"两虎相斗,必有一伤"或"两败俱伤"的结局。

所以,面对谎言,我们可以有另一种高明的办法来处理它,这种方式不仅可以使自我的品行和灵性不会受到损伤,而且可能唤醒另一个人的良知与觉悟,这种方式就是对人宽厚、对己严厉、以诚对谎的方式。

用这种方式对待下属,将使下属对你产生崇敬的心情,进而更加忠实于你。有这样一位公司主管,他给手下布置工作时,把完成的时间、完成的情况、报酬都规定得一清二楚。但由于不可抗拒的因素,时间到了,该完成的工作却没有能完成。他手下的人听说他的为人严厉,觉得如果如实汇报完成情况,很可能受到他的严厉责备,于是大家便合伙对他造谎,虚报了一个数字。

这位主管在那件不可抗拒的意外事故发生的时候,就已料定大家不能在规定时间内完成任务,但大家汇报上来的结果却又分明完成了,他心里颇有些怀疑，便私下里做了调查，发现大家串通起来造谎骗他。他当时很生气，但过了一阵子他冷静下来想了一下，就不再生气了。因为摆在他面前的有两种处理方法，一种是按原则办事，毫不留情地揭穿谎言，对大家进行一定的处罚和教育，这样一来，固然可以让大家知道一下他的厉害，他的明察秋毫，不好糊弄，不好欺负。但这样一来，他的人缘可也就大成问题了，让大家下不了台，他一个人成了众矢之的，大家会记住这一次羞辱，而在以后寻机报复，最可怕的是这将是一群人抱成一团同自己作对，这样的局面无论对一个公司还是一个领导者来说，都是应该竭力避免的。

经过再三掂量，他决定用一种比较宽厚的方式处理这个问题，在月末总结会上，他对大家说："我看了大家报上来的工作总结，那些数字让我感到很吃惊，由于这个月出现意外的市场波动，在我的预料中，大家是根本无法完成任务的。不料大家还是按时完成了任务，我为大家感到高兴，也感谢大家的精诚合作。我已与其中的一些合作单位联系过，对他们给予我们大家的支持表示了感谢，他们也表示愿意继续同我们合作。"之后，他按当时协议规定的标准付了报酬。

这位主管于是深得大家的拥戴和尊崇，在以后的几年间，他同手下的一批人合作得非常好。

在这里，他采取了一个非常明智而巧妙的以诚对谎之法。

第一，他以一种宽厚与大度的方式对待大家的谎言，使人保留了面子、自尊心和自信心。以此换来了大家对他的尊重。

第二，他用巧妙的方法暗示自己知道真相，只是不说出来罢了，当他告诉大家他"已同有关合作单位联系过"时，大家肯定心里一沉，以为弄虚作假必定露馅，但不料他却虚晃一枪，马上拉回话题，不就细节再做纠缠。事实上，此时大家已清楚作为主管的他对真相已了如指掌，只不过不说罢了。

第三，他不但保留大家的情面，而且还给予鼓励，并且完全按当初的协议付给大家报酬，以此唤起大家的良心与义务，而对这样的上司，谁还好意思不努力工作，再次糊弄他呢？

以诚恳、厚道的态度对待别人的谎言，可以避免你陷入恶势力的以恶抗恶的心态之中，也可以使你赢得他人的尊敬和感激，从而使你拥有良好的人际关系，更利于你与他人的合作，最终有利于你自身的人格、自己的事业。

当我们用谎言对付别人的谎言时，我们就不得不苦心孤诣、绞尽脑汁地去制造谎言；当我们以谎言取得成功的时候，我们在心灵和人格上也受到污损；而谎言一旦失败，则是信誉扫地、众叛亲离，实在得不到偿失。

我们不能阻止别人造谎，但我们应克制自己不造谎，并尽可能对他人的谎言保持一种理解与宽容，用自己的真诚唤起他人诚实做人的信心和愿望！

第二章　恰到好处：掌握分寸才能收放自如

　　察人常有两种现象：要么洞察对方的五脏六腑，要么如坠云里雾里。真正的察人高手眼光雪亮，既不越界，给人压迫感，又不疏远，给人冷淡感，在适度的分寸中，调动对方，让对方跟着自己转。

时时把情绪控制在合理处

　　学会控制自己的情绪，自己的行动，这是很重要的。在门被砰然关上，玻璃杯被砸碎，一阵咆哮声后，在被人无情地冒犯之时，当我们犯了一些不该犯的错误之时，我们的情感如何呢？

　　你是否会动辄勃然大怒？你可能会认为发怒是你生活的一部分，可你是否知道这种情绪根本就无济于事？也许你会为自己的暴躁脾气辩护说："人嘛，总会发火、生气的。"或者是"我要不把肚子里的火发出来，非得憋出溃疡病来"。尽管如此，愤怒这一惯行为可能连你自己也不喜欢，更别说别人了。

　　同其他所有情感一样，这是你思维活动的结果。它并不是无缘无故地产生的。当你遇到不合意愿的事情时，你认为事情不应该是这样的，这时开始感到灰心，尔后，便是一些冲动的相伴动作，这总是很危险的，它并没有什么好结果可言。

痛苦的感受会侵蚀掉我们的自尊。我们也许有洞察力、先见之明，后见之明。然而只要有人碰触到我们敏感的枢纽，或是悲剧发生，这些都会在一瞬间消失得无影无踪。这时我们的每一根纤维就会充满了感情，把所有理智的声音都淹没掉。

我们之中绝大多数人都很熟悉下面这些症状：麻木、失眠、疲倦、沮丧、叹息、太多的事要做，但没有兴趣做它们，以致做事没有条理、悲伤、失去热忱、寂寞和空虚。令人感到欣喜的是，虽然我们不能防止坏的感受来临，但我们却能阻止它们停留下来。

《你的误区》作者韦恩·戴埃说："你应对自己的情感负责。你的情感是随思想而产生的，那么，你只要愿意，便可以改变对任何事物的看法。首先，你应该想想：精神不快、情绪低沉或悲观痛苦到底有什么好处？尔后，你可以认真分析导致这些消极情感的各种原因。"

一位演讲者站在一群嗜酒者面前，决心向他们清楚地表明，酒是一种绝无仅有的邪恶之源。在讲台上摆着两个相同的盛有透明液体的容器。演讲人声明一个容器中盛有清水，而另一个容器则装满了纯酒精。

他将小虫子放入第一个容器，在大家的注视下，小虫子游动着，一直游到了容器边上，然后径直爬到了玻璃的上沿。这时他又拿起这只小虫子，将它放入盛有酒精的容器，大家眼看着小虫子慢慢死掉了。

从上例的寓意可以看出：我们的愤怒、沮丧就像酒一样，它可以使我们即将要做成的事情功亏一篑。

我们可以这样设想：当一个人无意中触痛了你的敏感之处，你就不假思索地乱喊乱叫，别人对你的印象还会好吗？当人家同意你的一个问题时，你就高兴得手舞足蹈，他们对你的印象还会好吗？——也许他们认为你太幼稚了。

迈克说过这样一个例子：一个星期六的上午，我去会见某公司的主管。约见地点是他的办公室。主人事先说明我们的谈话会被打断20分钟，因为他约了一个房地产经纪人。他们之间关于该公司迁入新办公室的合同就差签字了。

由于只是个签字的手续，主人允许我在场。

这位房地产经纪人带来了平面图和预算，很明显已经说服了他的顾客，在应该稳操胜券的时候，他做了一件蠢事。

这位房地产经纪人最近刚刚与某公司主管的主要竞争对手签了租房合同。他大概是兴奋，仍然陶醉在自己的成功之中，开始详细描述那笔买卖是怎样做成的，接着赞美那个"竞争对手"的优秀之处，称赞其有眼力，很明智地租用了他的房产。我猜想接下去他就要恭维这位公司主管也做了同样的决策。

公司主管站了起来，谢谢他做了这么多介绍，然后说他暂时还不想搬家。

房地产经纪人一下子傻眼了。当他走到门口时，主管在后面说："顺便提一下，我们的公司最近有一些创意，形势很好这可不是踩着别人脚印走出来的。"

房地产经纪人在关键时刻忘了对方，只顾欣赏自己已经取得的推销成果，而忽略买方也有做出正确抉择的骄傲。

遇事稳住心沉住气

人们不耐烦时，往往变得粗鲁无礼、固执己见，使人感觉难以相处。这种行为是有害无益的，俗话说："心急吃不了热豆腐。"当一个人失去耐心时，同时也失去了明智的头脑去分析事物。

怎样使自己变得有耐心，在紧张的情况下也能心平气和呢？并且对情绪有所控制呢？

急性子的人大都不愿浪费时间，因此他们把时间安排得紧紧的，工作的时间都安排得好好的，不允许有什么延误或出什么差错。不过要想万无一失，最好还是留有一定的余地，你所参加的约会越重要，预留的时间就要越充裕。如果是一场必不可误的约会，那就应该留出大量的时间做回旋的余地。

你如果感到十分烦躁，请运用你的想象力，努力使自己深深地潜入一个宁静的身心境地。一位朋友说："当我感到思绪纷乱的时候，我就想象小河岸边那宁静的风景胜地，它常使我的紧张和烦躁情绪消退许多。"

如果你的急躁情绪仅属偶然，你的烦恼便会自动消失。如果你总是怒火中烧、粗鲁无礼，那就应该认识到你对自己看得过重了，以至于对任何人和任何事都不愿等待。

幽默有时也能帮助你保持心平气和，想方设法将难堪的场面化为幽默的故事，以便使对方感到有趣可笑，努力使自己成为一个观察力敏锐的人，因为这样有助于你抵制急躁情绪的产生。

做个有耐心的人不容易，做到平心静气是一种境界、一种气度和一种修养。

不要太过薄脸皮

有一个人为了办手续，连跑了几个地方，不知为什么，总是解决不了问题。有人说要送礼，他不懂送礼也不愿送礼，只有愤愤然骂上两句，自己苦恼不堪。

有个朋友听说此事后，指点他去直接找某主任。可他到办公室却扑了个空，追到家也没人，还被势利的保姆"损"了几句。他顿时火起，却又"好男不跟女斗"，只得裹着满腹懊恼回到家，发誓再也不去跑关系了。

那位朋友知晓后，哈哈大笑，说："你啊，就这么不济事！在外跑关系办事哪有这么容易的！我跑关系办事儿是一求、二求、三求，不行再四求、五求、六求。事实不可谓不详尽，道理不可谓不充分。现在我不仅脸皮厚了，连头皮都变硬了！"

一席话深深地触动了这位朋友。第二天，他又"厚"着脸皮去找某主任。结果是出人意料的顺利，主任只照例问了一些问题便为他办了手续，烟都未抽一支。

人生一世，存活下去，需要结交无数的关系，需要请无数的人帮忙，脸皮薄了是不行的。

初涉世事的年轻人，往往"脸皮薄"，放不下"清高"的架子，自然也就不为社会所接纳，不能与环境相适应，自然也就难以真正迈出走向社会的第一步。

当然，我们说脸皮薄了不行，绝不是在为厚黑学打廉价广告，也绝不是要大家放弃原则和人格尊严。厚颜过度则曰无耻。但对于我们所说的"脸皮特薄者"而言，懂得"脸皮薄了不行"，洗掉身上的迂腐和矜持，才能锲而不舍，以柔克刚，取得最后的成功。

人情练达皆文章

古人说："世事洞明皆学问，人情练达即文章。"通晓人情，就是要有一种设身处地，将心比心的情感体验的态度。从正面讲，就是要"己欲立而立人，己欲达而达人"。就好像肚子饿了要吃饭，应该想到别人肚子也饿了，也要吃饭；身上冷了要穿衣，应想到别人也与你一样。懂得这些，你就要"推食食人"、"解衣衣人"。刘邦就知道这种道理，所以他在韩信眼中是个通情的人，并且刘邦还使韩信欠下自己的人情债不忍背叛。

汉王四年，韩信平定了齐国，他向汉王刘邦上书："我愿暂代理齐王。"刘邦大怒，转而一想，他现在身处困境，需要韩信，就答应了。韩信力量更加壮大。齐国人蒯通知道天下的胜负取决于韩信，就对他说："相你的'面'，不过是个诸侯，相你的'背'，却是个大福大贵之人。当前，刘、项二王的命运都悬在你手上，你不如两方都不帮，与他们三分天下，以你的贤才，加上众多的兵力，还有强大的齐国，将来天下必定是你的。"

韩信说："汉王待我恩泽深厚，他的车让我坐，他的衣服让我穿，他的饭给我吃。我听说，坐人家的车要分担人家的灾难，穿人家的衣服要思虑人家的忧患，吃人家的饭要誓死为人家效力，我与汉王感情深厚，怎能为个人利益而背信弃义。"

过了几天，蒯通又去见韩信，告诉他时机失去了便不再来，韩信犹豫不决，只因汉王对他情深义重。

我们姑且不论刘邦以后如何处死了韩信，但就人情世故而言，刘邦很成功，他能令韩信在想到背叛时心中产生了愧疚，不忍去做。

通晓人情从反面讲，就是要"己所不欲，勿施于人"。你爱面子，就别伤别人面子；你要尊重，就不能不尊重别人。"只许州官放火，不许百姓点灯"的事，也不是没有人做。

项羽就是其中之一。虽然他有"霸王"的美称，却只有霸者的习气，没有王者的风范。他自己想称王，却想不到手下的弟兄也想做官。该赐爵的时候，爵印就在他手中，棱角都磨损了，他还是舍不得颁发下去。

因此，与其说项羽败给刘邦，还不如说他输给了人情。

通晓人情还不够，有的人既通又晓，但自视清高，懒得做。情是做出来的，需要有你的人缘。

有人缘的人，才会广交朋友受人欢迎。

话虽这么说，但人情的"通"，人缘的"有"，是不能靠守株待兔，天上不会掉下一张馅饼，而且刚好掉到你的嘴巴里。人情要去做。

形圆而可不败也

孙子说:"混混沌沌形圆,而不可败也。"人际交往中也存在着"形"的问题,运用"形圆"的心术,关键要懂得"形"的作用,外圆而内方。圆,是为了减少阻力,是方法,是立世之本,是实质。

船体,为什么不是方形而总是圆弧形的呢?那是为了减少阻力,更快地驶向彼岸。人生也像大海中的船,交际中处处有风险,时时有阻力。我们是与所有的阻力较量,拼个你死我活,还是积极地排除万难,去争取最后的胜利?

生活是这样告诉我们的:事事计较、处处摩擦者,哪怕壮志凌云,聪明绝顶,如果不懂"形圆",缺乏驾驭感情的意志,往往会碰得焦头烂额,一败涂地。

威名赫赫的蜀国名将关羽,就是一个典型的例子。

若说关羽的武功盖世超群,没有人会质疑。"温酒斩华雄"、"过五关斩六将"、"单刀赴会"等等,都是他的英雄写照。但他最终却败在一个被其视为"孺子"的吴国将领之手。究其原因,是他不懂心术,不懂"形圆"。他虽有万夫不当之勇,但为人心胸狭窄,不识大体。除了刘备、张飞等极个别的铁哥们儿之外,其他人都不放在眼里。他一开始就排斥诸葛亮,是刘备把他说服;继而排斥黄忠;后来又和部下糜芳、傅士仁不和。

他最大的错误是和自己国家的盟友东吴闹翻,破坏了蜀国"北拒曹操,东和孙权"的基本国策。在与东吴的多次外交斗争中,凭着一身虎胆、好马快刀,从不把东吴人包括孙权放在眼里,不但公开提出荆州应为蜀国所有,还对孙权等人进行人格污辱,称其子为"犬子",使吴蜀关系不断激化,最后,东吴一个偷袭,使关羽地失人亡。

《菜根谭》中说:"建功立业者,多虚圆之士"。意思是建大功立大业的人,大多都是能谦虚圆活的人。

北宋名相富弼年轻时,曾遇到过这样一件事,有人告诉他:"某某骂你。"富弼说:"恐怕是骂别人吧。"这人又说:"叫着你的名字骂的,怎么是骂别人呢?"富弼说:"恐怕是骂与我同名字的人。"后来,那位骂他的人,听到此事后,自己惭愧得不得了。明明被人骂却认为与自己毫无关系,并使对手自动"投降",这可说是"形圆"之极致了。富弼后来能当上宰相,恐怕与他这种高超的"形圆"处世艺术很有关系。但富弼又绝不是那种是非不分,明哲保身的人,他出使契丹时,不畏威逼,拒绝割地的要求。在任枢密副使时,与范仲淹等大臣极力主张改革朝政,因此遭谤,一度被摘去了"乌纱帽"。

在现实生活中,每个人都会面临许多人际间的矛盾,如何处理呢?

富弼为我们树立了一个很好的榜样,就是做人既要外形"圆活",心胸豁达,与人为善;又要内心"方正",坚持原则,维护自己的独立人格。

夫不争，天下莫能与争

中国的大智者老子说："夫唯不争，故天下莫能与之争。"这句话的意思是，正因为不与人相争，所以遍天下没人能与他相争。

这可是一个充满大智慧的心术。

可惜的是，两千多年来，能参悟和运用这一心术的人如凤毛麟角。在名利权位面前，人们忘乎所以，一个个像乌眼鸡似的，恨不得你吃了我，我吃了你。可到头来，这些争得你死我活的人，大都落得个遍体鳞伤、两手空空，有的甚至身败名裂、命赴黄泉。

当然，也有深谙此术并获得成功者。

三国时的曹操，很注重接班人的选择。次子曹丕虽为太子，但三子曹植更有才华，文名满天下，很受曹操器重。于是曹操产生了换太子的念头。

曹丕得知消息后十分恐慌，忙向他的贴身大臣贾诩讨教。贾诩说："愿您有德性和度量，像个寒士一样做事，兢兢业业不要违背做儿子的礼数，这样就可以了。"曹丕深以为然。

一次曹操亲征，曹植又在高声朗诵自己做的歌功颂德的文章来讨父亲欢心，并显示自己的才能。而曹丕却伏地而泣，跪拜不起，一句话也说不出。曹操问他什么原因，曹丕便哽咽着说："父王年事已高，还要挂帅亲征，作为儿子心里又担忧又难过，所以说不出话来。"

一言既出，满朝肃然，都为太子如此仁孝而感动。相反，大家倒觉得曹植只晓得为自己扬名，未免华而不实，有悖人子孝道，作为一国之君恐怕难以胜任。毕竟写文章不能代替道德和治国才能吧，结果太子还是原来的太子。曹操死后，曹丕顺理成章地登上魏国皇帝的宝位。

其实刚开始时，曹丕是极不甘心自己的太子之位被弟弟夺走的，他想拼死一争，却又明知自己的才华远在曹植之下，胜数极微。一时竟束手无策。但他毕竟是个聪明人，经贾诩的点化，脑瓜顿时开窍：争是不争，不争是争。与其争不赢，不如不争，我只需恪守太子的本分，让对方一个人尽情去表演吧，公道自在人心！最后，这场兄弟夺嫡之争，以不争者胜而告终。

曹丕以不争而保住太子之位，而东汉的冯异则以不争而被封侯。

在我们这个物质还不太丰富的社会里，争名夺利的事情每天都在发生，有人为的圈套，也有自然的陷阱，它们如同一个巨大的漩涡，把无数人都卷了进去。

对此，最聪明的做法是，迅速远离它！

因为，在横渡江河时，只有远离漩涡的人，才会最先登上彼岸。

慎言才可以少祸

中国有句俗话说："言多必失。"它的意思是，一个人总是滔滔不绝地说话，说得多了，言语中就自然而然地会暴露出许多问题。例如，你对事物的态度，你对事态发展的看法，你今后的打算，等等，会从言语中流露出来，被你的对手所了解，从而制定出相应的策略来战胜你。

另外，有时一个人心情不愉快，说起话来难免会愤世嫉俗，讲出很多过头的话，招来一些不必要的麻烦。俗话说："病从口入，祸从口出"，这句话确实有一定的道理。大多的灾祸是从自己的言谈中招来的，因而慎言可以少祸。言谈的灾祸，主要表现在以下两个方面：一是对身边的人和事评头论足，这种不考虑后果的高谈阔论，惹怒了上司和同事，就会埋下灾祸的导火线；二是在众人之中鼓唇弄舌，搬弄是非，像长舌妇一样，今天道东家长，明天说西家短，这种缺少修养的言谈，极有可能遭到报复。说话能把握分寸，说得恰到好处，是一种修养，一种水平，既不能喋喋不休，口若悬河，又不能该说话时却沉默寡言。

比如，有人约了几个朋友来家里吃饭，这些朋友彼此都是熟识的。主人把他们聚拢来主要是想借着热闹的气氛，让一位目前正陷入低潮的朋友心情好一些。

这位朋友在不久前因经营不善，关闭了自己的公司，妻子也因不堪生活的压力，正与他谈离婚的事情，内外交困，他实在痛苦到了极点。

来吃饭的朋友都知道这位朋友目前的遭遇，大家都避免去谈与事业有关的事，可是其中一位朋友因为不久前赚了很多钱，酒一下肚，忍不住就开始谈他的赚钱本领和花钱功夫，那种得意的神情，连主人看了都有些不舒服。那位失意的朋友低头不语，脸色非常难看，一会儿去上厕所，一会儿去洗脸，后来他赶早离开了。

因此要提醒你，与人相处，切记不要在失意者面前谈论你的得意。

一般来说，失意的人较少有攻击性，但别以为他们只是如此。听你谈论了你的得意后，他们普遍会有一种心理——恼恨。这是一种藏到心底深处的对你的不满。你说得唾液横飞，不知不觉已在失意者心中埋下一颗仇恨的炸弹。

失意者对你的怀恨不会立即显现出来，但他会透过各种方式来泄恨，例如，说你坏话，扯你后腿、故意与你为敌，而最明显的则是疏远你，避免和你碰面，以免再见到你，于是你不知不觉就失去了一个朋友。随意自夸、口无遮拦几乎是骄傲自满者的通病。这种致命的弱点不仅暴露了自己的内心情感和意图，而且会使很多人心怀不满或恼恨不已。试想，如果别人的不舒坦是因你而起的，你还会得到好处吗？所以说，人应该把自己高人一筹的某些东西适当地隐藏起来，这不仅仅是一个人的修养问题，心气太傲了，真的容易吃大亏。所谓"木秀于林，风必摧之"，正是这个道理。

多留心别人的观点

汽车大王福特曾有这样的经验之谈："我从我自己的经验以及他人的经验中证明了，如果说成功是有秘诀的，那么这所谓的秘诀，就在于'把握他人的观点，而依着他人的地位，去审度一切事情'的能力中。"

美国电气总公司老板欧文也曾有类似的妙语："能够为别人设身处地想一想的人，能够了解别人心理的人，是永远不必为自己的前程着急的。"

以上两句有异曲同工之妙的经验之谈，已把我们在上文讲到的对付人的策略完全提纲挈领了。福特运用了"观点"这个词，完全说明了我们上文说过的人与人之间的不同之处：他们的特殊需要、特殊问题与偏见，他们的个人趣味与经验。

还有一句名言是这样说的："只有从别人的观点中去接近他们，我们才能希望控制得住他们。"抓住这个要点也不是很难的事，我们只要在选择我们说话的题目时，稍稍留心一下就行了。

你听过卡纳奇所讲的他的弟弟与那善良的老头儿帕伯的有趣故事吗？

帕伯是卡纳奇的桥梁公司的一位股东，他对卡纳奇的一切事业，非常妒忌，因此常常在股东会议上就各种问题与卡纳奇争论。有一次，帕伯为了一份合同而埋怨卡纳奇的弟弟，他以为那份合同抄错了。帕伯埋怨地问："价目表上注明是实价，可当交易成功的时候，却一点也没有说到这'实价'的事。我要弄明白这'实价'两字是什么意思。"卡纳奇的弟弟说："哦，帕伯，这意思就是说不再要加什么钱了。"帕伯听了无话可说。

有许多事情，都是要这样去对付的。如果卡纳奇的弟弟这样解释："实价就是不打折扣。"那说不定会引起一场争论来。卡纳奇的弟弟只是以帕伯能了解的方法去迎合他的意志而已。

这一个小故事可以说明，运用语言文字来感化他人同样是一种技巧。

纽约的著名律师列图尔登是以善于说话而负盛名的。他也曾有这样的经验之谈："当我们面对着交谈的对方而感到不能使他感兴趣，或不能使他折服的时候，这大概总是因为我们不能从对方的观点去考虑这些问题的缘故。"

凡是曾经从事过商业推销工作的人，都懂得一个主意或计划的成功，不单只看那主意和计划的可行性，而大部分还是依靠你将这主意和计划贡献给别人时的态度。

当年威尔逊总统组织国际联盟游说欧洲各国的时候，霍士曾经以这方面的一个小窍门，帮助威尔逊说服了法国政府。当威尔逊总统与那绰号"法国老虎"的克莱孟梭会晤之前15分钟，霍士向威尔逊提出了一个虽然细微但是非常聪明的主意。他劝威尔逊总统首先与法国人谈海洋的自由问题，以作为劝法国加入国际联盟的方法，因为这个问题显然是法国当时所急欲解决而又与国际联盟有密切关系的事，果然，克莱孟梭非常兴奋，后来，不消说，法国加入了国际联盟，而且他是国际联盟组织的忠实拥护者。

威尔逊是因为采纳了一个非常有效的策略，将他的计划嫁接在克莱孟梭的兴趣之上，告之他国际联盟如何符合他的利益，才使其计划被那著名的"老虎总理"接受。

尊重并突出别人的观点和利益，这是我们欲求他人合作的最有力的法宝。人们常常不会正确使用这一法宝，是因为他们常常忘记了如果我们过分强调自己的需要，那别人对此即便本来是有兴趣的，也会再重新考虑，改变态度。

比如，如果我们参加一个重要的会议，在发表意见之前，我们是否静心想过，应该说什么话？我们的意见触及到对方的兴趣所在，是否与对方最急迫的需要有关？又如，我们在向上司做一个报告之前，在与一个顾客会晤之前，在与一位朋友、同事交谈之前，在召开职员大会或召见一个部下之前，究竟我们对他们的兴趣之所在能有多少了解？这关系到我们能否打动他们，赢得其支持与合作的大问题。究竟我们中有多少人能真正考虑到这点呢？

总而言之，要感动别人，就得从他们的需要入手。你必须记住，要任何一个人做任何事情，唯一的方法就是使他自己情愿。同时，还必须记得，人的需要是各不相同的，各人有各自的癖好偏爱。只要你认真探索对方的真正意向是什么，特别是与你的计划有关的，你就可以依照他的偏好去对付他。你常常应当将自己的计划去适应别人的需要，然后你的计划才有实现的可能。

如果对方不愿意承认你所猜测的他的偏好，那么你不妨用间接的方法去迎合他，从而免其公开承认的窘迫。

考察对手的真正意图

第一次世界大战是德奥等同盟国与英法美等协约国的战争。当战事正剧烈的时候，美国政治家、参议员胡佛，提醒了一位德国军官他完全忘记的事情，从而保全了比利时战时救灾委员会。当时，由于德国被协约国的新闻传媒攻击得怒气冲天，因此准备把驻在德国的"比利时战时救灾委员会"驱逐出境作为报复。这个委员会，却是参议员胡佛发起组织的。胡佛听到这个消息，就立刻从伦敦赶到德国军队的大本营中去。

一位德国将军盛怒地告诉胡佛说，委员会必须立即出境。并且说，胡佛的那些委员，是一群"协约国的间谍"。同时，他还对协约国报纸上对德国战略批评得"不公允"表示极大的愤慨。胡佛当时虽声辩了一下，但却丝毫不能打动这个军官。

在这个紧急关头，胡佛忽然想到了一个主意。

他很明确地对这位不可一世的将军指出，如果他真的实施他的主张，那就是断绝了比利时的粮食供应，将来在历史上，他个人的名誉必然会因此而受损，难道他愿意被世人责骂为"一个民族的屠夫吗"？那将军当时听了这话却一反常态，并没有咆哮暴怒起来，他冷静地考虑了一下，竟让胡佛明天早上再来见他。

胡佛终于获得了胜利。比利时战时救灾委员会得以保存下来。

那位将军把其个人名誉看得比什么都重要，这就是他"自尊心"的中心所在，也是他生命中的最大欲望。然而，他显然没有将这最珍视的名誉与"比利时战时救灾委员会"联系在一起严肃地加以考虑。胡佛因为能够默察他人的内心偏好，所以就能够随心所欲地利用这一点来操纵、利用这位将军而达到自己的目的。

不过，这里应该强调的是，在对付别人的时候，应该懂得，人的欲望是各不相同的。一般的欲望，如自尊心、食欲、性欲等，是人人都有的。但即使是这些共同的欲望，在每个人身上都是不同的，形成一个永远变化的独特的模式。另外，世间一切人，男女老少，在任何时候，都有一种特殊的欲望和癖好。这种欲望和癖好，因人而异，正如各人的身躯、相貌、声音一样存在着差异。所以，一个同样的方法，决不能对付于两个人。

瑞戈里曾经说过："我平生应付过好几千人，对于这些人，我的感觉是，他们是完全不同，各不相干的人。"

布伦克30岁就做了液体碳酸制造公司的经理，40岁以前就成为世界著名的矿务工程的专家。他曾有趣地谈起他的经验："你如果想用同样的方法来训练每一个人，使他们都喜欢某一种事物，那是绝对没有好结果的。人是生来就各不相同的，所以也必须个别地加以训练。对于甲适用的办法，对于乙也许就完全不适用了。所以，你必须知道在什么时候应该扳动哪一个开关，才能收到一发中的之效。"

为了说明这点，布伦克曾讲过一个雇主的故事，这人就是因为扳错了开关，以致错过了一个辅助他成就事业的好雇员。布伦克说："有一个青年职员，听说另有一家公司对他很青睐，希望他前去发展。可这年轻人自己倒没有离开这公司另谋高就的意思。有一次，他去见老板汇报有关业务进展，那老板因为对他的表现颇为满意，便临时嘉许了几句，对他说：'你在公司干了几年，很有长进。我想告诉你，你自己应该知道可以满足了。'不料这年轻人听了之后大为不满。在这点上，那雇主实在不懂得年轻人的心理。青年人正是有着青春、大志与才能的，叫他在这几年中自己知道可以自满，这是什么意思？这对他有什么鼓励呢？他认为自己绝不该以此自满，所以便立即辞了职，受聘于另一家公司了。"

这位老板有一点是猜得不错的，即这年轻人的确想留在他的公司里，而且他的确并不希望他的主人立刻再擢升他。但他猜得太绝对、自信，是太性急了，完全扳错了开关，结果反而坏了事。他以为只要在那个年轻人肩膀上轻轻地拍一下，给他一番糖儿般的赞许，就足以笼络得住他，哪里晓得他完全看错了。那个年轻人所要知道的是一个前程，一个发展的机会。老板只要在问答之间，探听他的口气，便可知道他真正的欲望。而只要稍加鼓励，对他说几句"年轻人，再加把劲，你的前程无可限量"之类的话，便可以牢牢地笼住他，然后再不断地逐步满足他便可。可是这老板不肯费心一点这样去做，结果因为一句赞辞不当而失去了这样一位年轻能干的职员。

这个事例也许独特了些，不过从中仍可得出这样一个教训："在对付别人之时，第一要做到的是，考察他们真正的意志，尤其要设法了解与我们的计划密切相关的对方的真正意图和志向。"

必要时让自己装装糊涂

大爱无形，大音稀声；大勇如怯，大智若愚。在我们了解他人的性格之后，就要根据不同人的性格特征采取不同的交往方式，想要赢得他人的好感，有一点很重要，那就是大智若愚，学会适当的装装傻。

人们常说："难得糊涂"。很多智者正是以这句话作为修身养性的座右铭。然而，这句话并不是要人们对事情不加关注，糊糊涂涂的过日子。相反，这是一种大智慧，是一个真正的处事良言。人际交往中，拥有良好的人际关系不光在于赢得人心，也在于稳固已经拥有的人心。攻心很难，需要智慧和巧计，而留心同样需要用智慧来经营。

无论是赢得人心还是留住人心，用"揣着明白装糊涂"的处世方式绝对不会错，也就是所谓的大智若愚。大智若愚，说白了就是装作不明白，装作不聪明。在为人处世中，这种办法非常重要，下面的例子就是对大智若愚的最好说明。三位日本人代表日本航空公司与美国的一家飞机制造公司谈判，日方为买方。美国公司为了抓住这次机会，挑选了最精明干练的高级职员组成谈判小组。开始时，双方并没有像常规谈判那样交涉问题，而是由美方展开了产品宣传攻势。在宣传过程中，日方代表只是静静地看着。放映结束后，美方高级主管不无得意地站起来，转身向三位显得有些迟钝和麻木的日方代表说："请问，你们的看法如何？"不料一位日方代表说：“我们还不懂"。这句话大大伤害了美方代表。他又问："你们说不懂，这是什么意思？哪一点你们还不懂？"另一位日方代表彬彬有礼的回答："我们全部没弄懂。"来自美国的高级主管又压了压火气，再问对方："从什么时候开始你们不懂？"第三位代表严肃认真地回答："从关掉电灯，开始幻灯简报的时候起，我们就不懂了。"这时，美国公司的主管感到严重的挫败感。但为了商业利益，他又重放了一次幻灯片，这次速度比前一次慢多了。之后，他强压怒气，问日方代表："怎么样？该看明白了吧？"然而，日方代表端坐在位子上，若无其事地摇摇头。美国的高级主管一下子泄气了，显得心灰意冷、无可奈何。他对日方代表说："那么……那么你们希望我们做些什么呢？既然你们都不懂。"这时，一位日方代表慢条斯理地将他们的条件说了出来，他说得如此慢。美国高级主管稀里糊涂地应答着，他的思维已经紊乱了，根本未作什么有效反应。结果，日本航空公司大获全胜，成果之大，连他们也感到意外。这个例子告诉我们，在为人处世中，有时要适当地隐藏自己，伪装自己，不让他人了解我们的真实想法和情况。这样才能便于达到我们的目的。同时，这也是由人性固有的缺点决定的。人们往往怀有嫉妒的心理，不愿意接受比自己优秀的人；人们都爱面子，如果在人前丢了面子心里一定对相关的人心存芥蒂；人们都争强好胜，不愿落于人后。对于那些心胸宽广的人来说，这些也许不算什么。但是对于大部分人来说，都不会无动于衷，轻则会对他人态度淡漠，重则厌恶嫌弃。因此，要想赢得人心，经营好人际关系，懂得适当的装装傻，以大智若愚的方法处理人际关系非常重要。

那么，怎样才能真正做到大智若愚呢？以下的几点建议希望能有所帮助。

（1）谦虚谨慎、隐藏锋芒

在现实生活中，总有一些人喜欢炫耀，不知不觉中就会把自己的实际情况和盘托出，弄得别人对他们的情况了如指掌。这种人一旦和别人竞争起来，往往会处于劣势。这是因为他们的分量到底有多重，已经被人清楚地知晓，他们的软肋在哪里也被人看得清清楚楚，因此当别人有备而来，针对他们的弱点出手时，他们往往会被对方轻易击败。而有些人却谦虚谨慎、锋芒不露，让人看不出他们到底还有多少底牌没有亮出来。因此，即使是别人有意要攻击他们，也往往会因为找不到他们的要害之处而惨遭失败。由此我们可以看出谦虚谨慎，锋芒不露的人才能常立于不败之地。那么要做个聪明人，不想在竞争中处于劣势，我们就一定要学会谦虚谨慎地做事，懂得隐藏自己的锋芒。

（2）心知肚明、假若不知

在生活中有些事情我们明明知道，却最好假装不知。因为有些事实往往比较敏感，如果我们显露出我们已对此事知晓的话会给我们带来不必要的麻烦。因此当遇到这种情况的时候，最好的处理方式就是即使心知肚明，也装作浑然不知。这样我们才能有效避免陷入尴尬的境地。

比如，当我们无意间得知本来关系要好的两个人却因为某些事情闹得正僵，而出于工作或生活上的需要我们又不得不与他们继续交往时，为了避免我们对他们之间关系的介入而产生不良的后果，我们最好在与他们交往时保持正常的态度，装作对他们目前的状况并不知情，这样当我们面对他们的时候，才会免除不必要的尴尬与麻烦。

（3）敏感问题、佯装糊涂

人们常说：难得糊涂。学会装糊涂在为人处世当中是一样必备的本事，因为生活中我们不可避免地会遇到一些敏感的问题时，这时候表现得清楚明白往往会给我们带来尴尬，所以我们不如在对待这些问题时佯装糊涂。

例如当我们作为代表处理公司纠纷时，即使我们知道事情的经过，也最好要装糊涂，让客户觉得我们一无所知，这样，客户就不会对我们太愤怒，因为人一般不会把怒气撒到一个毫不知情的人身上。这样我们就通过佯装糊涂成功的免除了这个敏感问题可能给我们带来的麻烦。

（4）适当放手、不抢不争

生活在现代社会，我们身边总是充满各种各样的竞争。如果我们为了自己的利益而想方设法去抢、去争，久而久之，我们与周围人之间的关系就会越来越紧张，因此当我们得到了自己想要得到的利益的同时，也会被贴上斤斤计较的标签，失去了很多更宝贵的东西，比如朋友的信任，同事的信赖……

因此我们要学会适当放手，在面对一些利益时做到不抢不争。有些利益看似很诱人，但却会让我们付出更大的代价，我们根本没有必要为了获得这些利益而失去我们更宝贵的东西。并且，当我们做到放手，不去争抢时，也会给人留下大度潇洒的印象，从而赢得人的好感。

（5）留出底线、紧守利益

俗话说："枪打出头鸟"，在为人处世之中，我们要避免锋芒过露，懂得在必要时装装傻，放弃一些利益。

一件商品要有它销售的底线，这个底线就是它的成本，高于成本就会赚钱，低于成本就会赔钱。同时，我们在隐藏锋芒、退让时也要有一定的限度，这个限度就是我们利益的底线，是我们必须要坚守的原则。因此当我们做事时，一定要有全局观念，对自己的底线了解清楚，在交往中可以适当放弃一些利益，但是切记要为自己留出底线，紧守利益。超出这个限度，我们就不再是大智若愚，而是真正的愚者了。

"木秀于林，风必摧之"，古老的智慧告诉我们，强出风头是要不得的，而聪明也往往会引起他人的戒备心。因此，低调做人，高调做事才是赢得人心该有的态度。要在低调谦和的外表下，磨炼一颗智慧的心。

朋友还是敌人要分清楚

大难当头的时候，人们总是愿意联合起来，这时候他们就成了朋友。而当朋友不能够共御灾难时，人们又通常出卖朋友来保存自己，所以识朋友的方法十分复杂。

孙子说："吴人越人相恶也，当其同舟共济而遇风，其相救也如左右手。"说的是当舟将沉下水去时，吴人越人，都想把舟拖出水来，成了方向相同的合力线，所以平日的仇人，都会变成患难相救的好友。而相反，张耳陈余，称为刎颈之交，算是至好的朋友，后来张耳被秦兵围困，向陈余求救，陈余畏秦，不肯应援，二人因此结下深仇，这时张耳将秦兵向陈余方面推去，陈余又将秦兵向张耳方面推来，力线方向相反，所以至好的朋友，会变成仇敌。结果，张耳帮助韩信，把陈余杀死在泜水之上。可见，危难也易出卖朋友。

要避免交上一个不可靠的朋友，就要采取下列方法，以心相交真朋友：

交朋友首先得有共同的操守和共同的志趣，不分年长年幼，也不分男性女性，但思想必须站在同一高度上才有可能成为真朋友。如果没有这个基础，就很难说他是不是你的真朋友。

在人们遇到困难、危机的时候，非万不得已时是不会向朋友要求什么的，一旦求到就说明了求助者对朋友的信任和认同。而真朋友往往是即使自己倾家荡产，牺牲性命也会相助的。见死不救，落井下石者绝不会是真朋友。

朋友应是以心相交的，所以，当他们发现彼此身上存在的缺点时，肯定会诚心诚意地直接指点出来，不会有任何顾忌。这种敢言不足的朋友是真朋友，文过饰非，有所保留的不见得是真朋友。

人生在世，有三两个知心朋友，闲暇时品茶聊天，畅谈人生理想，感受时代变迁，可称是人生一大乐事。但要交得真正的知己朋友，却并非易事。下列几条交友之道，可做借鉴。

（1）亲疏识友。我们每个人都有知己的朋友，这类朋友交往甚密，几乎就像自家人一样，任他自由来去，不必迎来送往。来时赶上饭就吃上一口，渴时据起壶自斟自饮。遇到问题让他也发表一些高见，碰上困难首先想到的会是他。一句话，这样的朋友交心知底，最可信赖。但如果你非要用客客气气的方法来招待他，反倒显得生疏了。而比较生疏的朋友，如果你在交往中过于随便不讲礼节，有时他也会感觉你不太重视他。所以，分出亲疏后，有一个用礼"度"的问题。

（2）远近识友。我们的朋友可能有些远在天涯，有些近在身边，后者因接触频繁则容易融洽，前者因距离颇远则容易疏淡。在这种情况下怎样才能把感情调适到最佳状态呢？方法是对远离自己的朋友用感情要细腻，关心得要细致一些，嘘寒问暖，问吃问穿，谈见闻，聊趣事不厌其详，这样显得你们的生活是交融相通的，对近前的朋友则用感情要粗放，谈些大事、乐事，高高兴兴，才不显得你们的关系过于庸俗，也才不易生出是非。所以，分出远近后，有一个用情"度"的问题。

（3）个性识友。每个人的脾气秉性是不相同的，我们在交朋友时，往往注意交他的某一点长处，不见得非与其性格类同。但是当以你为中介，朋友们相互认识后，他们是否能合得来，这是一个大问题，合得来还好，合不来时，两边战火一起，必然殃及你这个中间地带，这时候最尴尬的岂不是你？所以，分出个性后，不投缘的类群绝对不要把他们聚在一起。三国时期，姜维曾求教于诸葛亮，可诸葛亮开始并不看重他。于是，姜维私下就虚心好学，每天挑灯夜读，这些都让诸葛亮看在眼里，记在心中。后来，诸葛亮由浅入深，循序渐进教给了姜维许多知识，如八卦阵法、连弩箭法等，姜维由此成为一名骁勇战将，立下了不少战功。

（4）文武识友。文友和武友往往我们都需要，但若与文友在一起时谈的不免是诗文棋画，风花雪月；与武友在一起时谈的少不了刀枪棍棒，胡房倭寇，内容是风马牛不相及的。所以，你若不想冷淡一方朋友，就不要把文友与武友安置在同一个客厅里。

交友处世别踏禁区

许多人交友处世常常涉入这样一个误区：好朋友之间无须讲究客套。他们认为，好朋友彼此熟悉了解，亲密信赖，如兄如弟，财物不分，有福共享，讲究客套太拘束也太外道了。其实，他们没有意识到，朋友关系的存续是以相互尊重为前提的，容不得半点强求、干涉和控制。彼此之间，情趣相投、脾气对味则合、则交，反之，则离、则绝。朋友之间再熟悉，再亲密，也不能随便过头，不讲客套，这样，默契和平衡将被打破，友好关系将不复存在。

和谐深沉的交往，需要充沛的感情为纽带，这种感情不是矫揉造作的，而是真诚的自然流露。中国素称礼仪之邦，用礼仪来维护和表达感情是人之常情。当然，我们说好朋友之间讲究客套，并不是说在一切情况下都要僵守不必要的繁琐的礼仪，而是强调好友之间相互尊重，不能跨越对方的禁区。

每个人都希望拥有自己的一片小天地，朋友之间过于随便，就容易侵入这片禁区，从而引起隔阂冲突。譬如，不问对方是否空闲、愿意与否，任意支配或占用对方已有安排的宝贵时间，一坐下来就"屁股沉"，全然没有意识到对方的难处与不便；一意追问对方深藏心底的不愿启齿的秘密，一味探听对方秘而不宣的私事；忘记了"人亲财不亲"的古训，忽视朋友是感情一体而不是经济一体的事实，花钱不记你我，用物不分彼此。凡此等等，都是不尊重朋友，侵犯、干涉他人的坏现象。偶然疏忽，可以理解，可以宽容，可以忍受。长此以往，必生间隙，导致朋友的疏远或厌恶，友谊的淡化和恶化。因此，好朋友之间也应讲究客套，恪守交友之道。

对朋友放肆无礼，最容易伤害朋友，其表现有如下种种，不能不小心约束：

（1）过度表现，言谈不慎，使朋友的自尊心受到挫伤。

也许你与朋友之间无话不谈，十分投机。也许你的才学、相貌、家庭、前途等令人羡慕，高出你朋友一头，这使你不分场合，尤其与朋友在一起时，会大露锋芒，表现自己，言谈之中会流露出一种优越感，这样会使朋友感到你在居高临下对他说话，在有意炫耀抬高自己，他的自尊心受到挫伤。不由产生敬而远之的意念。所以，在与朋友交往时，要控制情绪，保持理智平衡，态度谦逊，虚怀若谷，把自己放在与人平等的地位，注意时时想到对方的存在。

（2）彼此不分，违背契约，使朋友对你产生防范心理。

朋友之间最不注意的是对朋友物品处理不慎，常以为"朋友间何分彼此"，对朋友之物，不经许可便擅自拿用，不加爱惜，有时迟还或不还，一次两次碍于情面，不好意思指责，久而久之会使朋友认为你过于放肆，产生防范心理。实际上，朋友之间除了友情，还有一种微妙的契约关系。以实物而言，你和朋友之物都可随时借用，这是超出一般人关系之处，然而你与朋友对彼此之物首先有一个观念："这是朋友之物，更当加倍珍惜。""亲兄弟，明算账。"注重礼尚往来的规矩，要把珍重朋友之物看作如珍重友情一样重要。

（3）过于散漫，不拘小节，使朋友对你产生轻蔑、反感

朋友之间，谈吐行动理应直率、大方、亲切、不矫揉造作，方显出自然本色。但过于散漫，不重自制，不拘小节，则使人感到你粗鲁庸俗。也许你和一般人相处会以理性自约，但与朋友相聚就忘乎所以。或指手画脚，或信口雌黄、海阔天空，或在朋友言语时肆意打断，讥讽嘲弄，或顾盼东西，心不在焉，也许这是你的自然流露，但朋友会觉得你有失体面，没有风度和修养，自然对你产生一种厌恶的轻蔑之感，改变了对你的原来印象。所以，在朋友面前应自然而不失自重，热烈而不失态，做到有分寸，有节制。

（4）随便反悔，不守约定，使朋友对你感到不可信赖

你也许不那么看重朋友间的某些约定，对于朋友们的活动总是姗姗来

迟，对于朋友之约当时爽快应承，过后又中途变卦。也许你真有事情耽误了一次约好的聚会或没完成朋友相托之事，也许你事后轻描淡写解释一二，认为朋友间应当相互谅解宽容，区区小事何足挂齿。殊不知朋友们会因你失约而心急火燎，扫兴而去。虽然他们当面不会指责，但必定会认为你在玩弄朋友的情谊，是在逢场作戏，是反复无常、不可信赖之辈。所以，对朋友之约或之托，一定要慎重对待，遵时守约，要一诺千金，切不可言而无信。

（5）乘人不备，强行索求，使朋友认为你太无理、霸道。

当你有事需求人时，朋友当然是第一人选，可你事先不做通知，临时登门提出所求，或不顾朋友是否情愿，强行拉他与你同去参加某项活动，这都会使朋友感到左右为难。他如果已有活动安排不便改变就更难堪。对你所求，若答应则打乱自己的计划，若拒绝又在情面上过意不去。或许他表面乐意而为，但心中就有几分不快，认为你太霸道，不讲道理。所以，你对朋友有求时，必须事先告知，采取商量口吻讲话，尽量在朋友无事或情愿的前提下提出所求，同时要记住：人所不欲，勿施于人，己所不欲，勿施强求。

（6）不知时务，反应迟缓，使朋友对你感到厌恶。

当你上朋友家拜访时，若遇上朋友正在读书学习，或正在接待客人，或止和恋人相会，或朋友准备外出等，你也许自恃挚友，不顾时间场合，不看朋友脸色，一坐半天，夸夸其谈，喧宾夺主，不管人家早已如坐针毡，极不耐烦了。这样，朋友一定会认为你太没有教养，不知时务，不近人情，以后就想方设法躲避你，害怕你再打扰他的私生活。所以，每逢此时此景，你一定要反应迅速，稍稍寒暄几句就知趣告辞，珍惜朋友的时间和尊重朋友的私生活如同珍重友情一样可贵。

（7）用语尖刻，乱寻开心，使朋友突然感到你可恶可恨

有时你在大庭广众面前，为炫耀自己能言善辩，或为哗众取宠逗人一乐，或为表示与朋友之"亲密"，乱用尖刻词语，尽情挖苦嘲笑讽刺朋友或旁人，大出其洋相以博人大笑，获取一时之快意，竟不知会大伤和气，使朋友感到人格受辱，认为你变得如此可恨可恶，后悔误交了你。也许你还不以为然，会说朋友之间开个玩笑何必当真，殊不知你已先损伤了朋友之情。所以，朋友相处，尤其在众人面前，应和蔼相待，互敬互慕互尊，切勿乱开玩笑，用恶语伤人。

（8）过于拮据，斤斤计较，使朋友认为你是悭吝之人

你可能在择友交友时，认为朋友以友情胜于一切，何必顾虑经济得失，金钱不能使友情牢固。这种思想使你与朋友相处时显得过于拮据，事事不出分文；或患得患失，唯恐吃亏。对朋友所馈慨然而受，自己却一毛不拔，这会使朋友感到你视金如命，是个悭吝之人。所以朋友之交，过于拮据显得悭吝小气，会伤害友情；而慷慨大方则显得豪爽大度，它会使友情牢固。

（9）泛泛而交，大肆渲染，使朋友感到你是轻佻之人。

你可能由于虚荣心或荣誉心所驱，也可能交友心切，认为交友愈多，本事愈大，人缘愈好，往往不加选择考察，泛认知己，患"泛交症"。此时，朋友已在微微冷笑，认为你是朝三暮四的轻佻之人，不可真心相处，你结果会失去真正的朋友。所以，朋友之交，理应真诚相待，感情专一，万不可认为泛交会使己显赫。

（10）一意孤行，不听人意，使朋友感到你是无为多事之人

是朋友就是要同舟共济，对好意之计应认真考虑，妥当采纳。也许你无视这点，每遇一事，一意孤行，坚持己见，无视朋友之见，依旧我行我

素，结果自己吃亏，朋友受累。这必定使朋友感到失望，认为你太独断专横，不把朋友放在眼里，是个无为多事之人，日后渐渐疏远你。所以你在遇事决策时，应多听并尊重朋友意见，理解朋友的好心，即使难以采纳的意见，也要说清楚，使人觉得你在尊重他。

同事之间拿捏好距离

与同事相处千万要拿捏好"距离"，太远了人家会认为你不合群、孤僻，太近了人家又会说闲话，而且也容易让上司误解，认定你在搞小圈子，所以只有不远不近的同事关系才是最理想的。

有人认为"好朋友最好不要在工作上合作"，有一定道理。

一天，公司来了一位新同事，他不是别人，正是你的好友，而且，他将会成为你的搭档。上司将他交托与你，你首要做的是向他介绍公司分工和其他制度。这时候，不宜跟他拍肩膀，以免惹来闲言闲语。

大前提是公私分明，在公司里，他是你的搭档，你俩必须忠诚合作，才可以制造良好的工作效果。

私底下，你俩十分了解对方，也很关心对方，但这些表现最好在下班后再表达吧，跟往常一样，你俩可以联袂去逛街、闲谈、买东西、打球，完全没有分别，只是，奉劝你一句，闲暇时，以少提公事为妙。

当一位旧同事吃回头草，重返公司工作时，你有必要注意自己的态度。因为旧人对你和公司都有一定的了解，即是说他并不需要时间去适应。

首先，你得清楚，这位仁兄以前的职级如何？与你的关系怎样？他的作风属哪类型？如今重返旧巢，他的地位会改变吗？

此君若以前与你共过事，请不要在人前人后或他面前主动再提以往的事，就当是新同事合作吧，避免大家尴尬。要是他过去与我不相干，如今却成了搭档，不妨向对他有些了解的同事查问一下他以往的历史，但要装作轻描淡写，不留痕迹。

某位同事生性暴躁，常因小事就"唠叨"不已，虽则事后他会不把事情放在心上，但事前的粗声粗气或过烈反应，却叫你闷闷不乐。

暗自纳闷，只会害苦了自己，何不想个改善之法呢？须知道，同事相见的时间往往比家人还多，经常如鲠在喉，太难挨了吧，恐怕间接还会影响工作情绪。

对付这些脾气刚烈之人，最佳办法是以静制动。然而，不要误会，并非是采取凡事"忍耐"的策略，相反，却是积极和主动。

细想一下，有同感的肯定不只你一个人，所以不妨就由对方猛烈诉说下去，你却处之泰然，保持缄默。即使有其他同事表示不平，你也坚守原则。直至事情明朗化，对方的态度平和下来，你再摆出明白事理的态度来，细心将事情分析，如此，你必能打败对方。

只有和同事们保持合适距离，才能成为一个真正受欢迎的人。你应当学会体谅别人。不论职位高低，每个人都有自己的工作范围和责任，所以在权力上，切莫喧宾夺主。不过记着永不说"这不是我分内事"这类的话，过于泾渭分明，只会搞坏同事间的关系。在筹备一个任务前，谦虚地问上司："我们希望得到些什么？""要任务顺利完成，我们应该在固有条件下做些什么？"

永不道人长短。比较小气和好奇心重的人，聚在一起就难免说东家长西家短，成熟的你切忌加入他们的一伙。偶尔批评或调笑一些公司以外的人，倒是无伤大雅，但对同事的弱点或私事，保持缄默才是聪明的做法。记住，搞小圈子，有害无益。公私分明亦是重要的一点。同事众多，总有一两个跟你特别投机，私底下成了好朋友也说不定。但无论你职位比他高或低，都不能因为要好这原因，而偏袒或恃势。一个公私不分的人，是做不了大事的，更何况，老板们对这类人最讨厌，认为不能信赖。所以你应该知道取舍。好同事不等于好朋友，你应该随时提醒自己这一点。同事关系好，就把你们的友谊留在八小时之内吧，下了班后还是不要侵入别人的私人空间，与同事建立起良好的友谊也要注意火候，太"热"了也不是一件好事。

学会应对各种类型同事

在工作这个圈子中，每个人都感觉到自己是这个大圈子中的一分子，然而在实现共同目标的过程中，每一个人所扮演的角色又各不相同。和工作圈中同事们和睦相处的方法之一就是以不变应万变，针对每个人的特点给予不同对待。

（1）遇到口蜜腹剑的同事，不可全交一片心

面对表里不一、口蜜腹剑的同事，假如他是负责检查你工作的人，你

必须装成似懂非懂的样子，他让你做什么事情，你全都唯唯诺诺地答应下来；他和气，你应该比他还要和气；他笑着和你谈事情，你应该笑着使劲点头。如果他让你做的事情太过分了，你也不要当面回绝或者与他翻脸，你只需笑着推诿就行了。

（2）遇到吹牛拍马的同事，不要与他较真

假如你遇到吹牛拍马的同事，要与他搞好关系，但切忌被他吹昏了头脑，一定要心中有数。他吹牛拍马对你无害，不能与他为敌，更不能得罪他，平日见面还需笑脸相迎；否则，你若有意孤立他或招惹他，他往往把你当成向上爬的垫脚石，暗中算计你。

（3）遇到尖酸刻薄的同事，适当保持警觉

尖酸刻薄型的同事，在公司里常令同事们厌恶。他的特征就是与同事们争执时常常挖人隐私不留余地，同时冷嘲热讽无所不用其极，让同事们的自尊心受损，颜面尽失。

尖酸刻薄型的同事，生就一副伶牙俐齿。因为他的行为离谱，所以在公司里没有什么朋友。他之所以能在公司里生存，不是因为别人怕他，而是因为别人不想搭理他。

假如这类同事不幸是你的搭档，那么你最好换个部门或换个工作。在事情还未敲定的时候，不要让他知道，不然的话，他的一番人身攻击，或许会让你受不了。

假如他是你的同事，可与他保持一定的距离，不要惹他。如果听见一两句刺激的话，就当成耳旁风，装作没有听见，绝不能动怒。

（4）遇到挑拨离间的同事，言行举止要慎重。

有的同事喜欢挑拨是非，离间同事。职场中的挑拨离间往往会把一个单位搞得七零八落，人心惶惶，人人彼此生疑。

挑拨离间的同事给公司带来的破坏和影响是巨大的。只要稍不注意或者处理不妥，就会搞得人人自危，互不团结。应付这类同事，没有什么其他好办法，只能防微杜渐，不让他们有搬弄是非的市场，或者发现了就赶紧制止或者清除，否则，后果将不堪设想。

挑拨离间的人如果做了你的同事，你除了要谨言慎行，与他保持距离以外，你还需要联合其他同事，在单位中树立正气，倡导团结，让他没有挑拨离间的机会。

（5）遇到才华横溢的同事，虚心地学习

才华横溢的同事，见识不同于常人，其思考问题的逻辑方式也往往独具特色。他们在时机不成熟的时候，能够忍耐，即使是卧薪尝胆，也可以欣然接受，然而，一旦时机成熟，他就会奋臂而起，就像大鹏展翅一样直冲云天，他们的才干和能力十分突出，通常是单位中的骨干或技术尖兵。

遇到了才华横溢的同事，假如你们志向基本一致，大可虚心地向他们学习，携手共创一番大事业。

（6）遇到翻脸无情的同事，要留一手

有的人风平浪静时尚能和睦相处，一遇到利害冲突时，便会是另一副嘴脸。这种翻脸不认人的同事好像是患了一种"恩将仇报症"，你对他的百般关爱，他只因一件小事就能翻脸。这类无情无义的同事到处都占便宜，被众人所厌恶。

假如你的同事是翻脸无情的人，和他合作的时候，千万要记住"留一个心眼"，一旦事情都做完了，你就要防范他会翻脸。

（7）遇到愤世嫉俗的同事，睁只眼闭只眼

那些愤世嫉俗、牢骚满腹的人，对社会上的某些现象看不惯，觉得世道变了，社会风气不好，这也不顺眼，那也看不惯。

与牢骚满腹的人在一起工作，只要他不是太消极，就不要多加干涉。如果有一天这种同事对公司的制度、福利有意见的时候，他们会带头找领导去反映问题，你就可坐"顺风车"了。他们常常能牺牲自己，为同事们的福利去据理力争。

第八，遇到敬业的同事，工作也要积极努力

每个单位都有十分敬业的人，因为工作态度积极以及做事方法正确，很受公司的肯定以及同事们的爱戴，他们一般具有较强的影响力，他所在的群体，都会有着不错的业绩。这种人，能够感染其他的同事，带动整个团队向前发展，给大家带来和谐的工作环境。

当公司太平无事的时候，同事们共同努力，共同分享成果；当公司不顺的时候，他们会鼓动同事们咬紧牙关，再创佳绩。平时没事的时候，他往往能主动地帮忙培训新同事，提高团队实力；工作忙碌的时候，他能够以身作则，用行动影响同事，相互支援，共同渡过难关。这种人，不管是你的上司、同事还是部下，在与他一起工作的时候，你都要像他那样敬业。

第三章　左右逢源：将自己打造成吸引人的磁石

人生之圈并不一定都是正圆的，很可能是椭圆或扁圆，但是它们都离不开人与人之间形成的一层层关系。探测关系的有无和远近，是一门只有经过日久天长才能磨炼出来的学问，它极其深奥，但绝对不可不知。

好人缘是一生的财富

"储蓄人脉"说起来有些"现实"，有"利用、收费"的感觉，但若从另一个角度来看，和别人建立良好的人脉、培养人缘本来就有这样的好处，不能光用"现实"的眼光来看；而你的好人缘必定会成为你这一生中最珍贵的财富、事业的最大助力。

有一位出版商，他平时就很注意人脉的建立，不论是大人物还是小人物，他都会竭尽所能地与之建立良好的关系。有一次，他听说某位作家家里出事急需用钱，虽然两人并不是很熟，但这个出版商还是主动找到作家，很痛快地借给他两万元钱，这位作家非常感动，从那以后，不但经常把自己的稿子投给他，还给他介绍了许多作家。这个出版商不仅注意和一些大人物搞好关系，对一些小人物或是对他并没有用处的人他也努力结交。有的人搞不懂他这样做是为什么，他却笑着说："我呀，是在用银行存钱的方式建立我的人脉——先存后提，有时存一万有时存一百，日积月累下来，我就拥有了一笔庞大的财富，遇到困难时，我再把它们取出来，那时不但有本金，还有利息呢！你说这是多么好的投资！"后来，他遇到了一次严重的危机，但幸运的是有许多人都向他伸出了援手，帮他渡过了难关。这样看来，他投资于人脉的做法实在太聪明了。

这位出版商投资于人脉虽然不像其他人投资股票、基金之类的马上可以拿到收益，但从长远来看，出版商的投资更高明、回报率更高。

高先生经营着一家小电器行，电器行的收入不是特别多，但高先生却工作得很开心。高先生的妻子常说高先生不是做生意的料，因为人家做生意都锱铢必较，他却大大咧咧，没有生意人的那股狠劲。比如说有一次，有一个客人跟高先生订了一批高档的灯具，还交了 1000 元订金，谁知道货来了以后他又不要了，这事如果换成别的商人一定会把这 1000 元全扣了，可高先生却要全部还给人家，还说就当是正常上货，以后慢慢卖吧！那个客人对高先生的做法也很意外，不好意思地说："这件事确实是我不对，还是按规矩扣订金吧！"高先生却回答说："如果不是有难处，你也不会做出尔反尔的事。大家都是生意人，买卖不成人情在嘛！我不能收这个订金，瞧得起我咱们就交个朋友吧！"那个客人千恩万谢地走了，妻子却拉长了脸，抱怨丈夫太傻。在平时，高先生对顾客也都是一团和气，年纪大的就主动送货，甚至上门安装，给熟识的客人抹零头……高先生做生意虽然没赚多少钱，但在当地人缘却是出奇的好。每当有人夸高先生有人缘时，他太太总要说："人缘能当饭吃吗？"不过高太太现在可不敢说这话了，因为事实证明：人缘有时真能当饭吃。一天，订高级灯具的那位客人找上门来，说要给高先生介绍笔大买卖。原来这位客人竟是某知名彩电的销售总监，现在他要把该省的销售代理权交给高先生，他还说："之所以要把代理权交给你，不仅是因为你曾给过我恩惠，更重要的是我看中了你的人际网络，人缘对于生意人是非常重要的。"不久后高先生拿到了销售代理权，成立了自己的公司，靠着他往日积累下来的人脉，他的生意越做越顺，销售额几度蝉联各省榜首。

从高先生的经历中，我们再一次看到了存储人脉的重要意义。就像银行存款一样，平时少量少量地存，有急需时就可以派上大用场。而别人对你的善意的回报，有时是附带"利息"的，就好像银行存款生利息那样。所以老祖宗也说"和气生财"，对人和和气气，有个好人缘，"财神"就会不请自来。

那么，怎样储蓄人脉呢？

积极的做法是：

（1）不忘给人好处。好处不必给的太"大"，大好处别人会受宠若惊，以为你别有用心，因而采取自卫的态度。因此宜从小好处给起，但要给得自然、有诚意。

（2）不忘帮助别人。"帮助"没有标准，实物的帮助、精神的帮助都可以，在对方不得意或生活遭遇困难时，这种帮助特别具有力量。

消极的做法是：

（1）不得罪别人。得罪人对人脉的伤害很大，如果不能积极主动地去建立关系，至少也不要轻易得罪人。

（2）让人占点便宜。被占便宜看似一种损失，其实是一种投资，因为对方会觉得有所亏欠，恰当的时候便会有所回报。当然，太大的亏是不能吃的，但如果明知讨不回公道，那就不如认了。另外，有些人占了便宜还卖乖，而且也没有亏欠之心，对这种人不必有所期望，但让他占便宜总比得罪他好。

储蓄人脉的方法还有很多，平时你不妨慢慢摸索，只要你理解了"人脉的建立和银行存款一样"的道理，并努力去尝试，那么就算你用的方法再笨你也会看到效果。

朋友多了路更好走

几千年来，这个道理已被无数的经验和教训所验证。人们现在说的"有关系，就没关系；没有关系，就有关系了"也就是这样一个道理。

很多人在办事不顺或四处碰壁时，往往会有这样的感触："如果我有足够多的关系，一定可以更加顺利地完成这个工作！"因为，只要你和那些关键人物有所联系，当有事情想要去拜托他或是与其商量讨论时，你总是能够得到很好的回应。

这种与关键人物取得联系的有利条件，就是好人脉所拥有的巨大力量。其实，你编织的关系网越宽广，你做起事来也就越方便。

由此，搭建丰富有效的人脉网络是我们成功地解决自己工作与生活中的难题、到达成功彼岸的重要因素。

张师傅下岗半年多了，如今他又上班了。令他想不到的是，这次居然是工作主动找到他的，当然这还得益于几年前张师傅结识的一位朋友。

两年前张师傅为了给孩子筹集上大学的学费，决定将自己的房子出租。在出租房子时，张师傅认识了一家房屋中介公司的李女士。在会谈中，双方商谈得十分愉快。不久，张师傅的家搬到了桥西区，与李女士的公司离得远了，双方联系得也少了。

没过多久，张师傅工作的厂子破产了，之后个人承包，张师傅也被下岗分流了，赋闲在家。一次，张师傅去桥东办事，遇到了李女士，双方聊了起来。在得知张师傅下岗在家待业后，李女士说自己的公司正在扩大，需要一个办理产权手续的员工，不知道张师傅是否愿意屈就。张师傅想，他们只是为了出租房子打过几次交道，双方又有好长时间未曾谋面，因此，认为这是一句客气话，并没有往心里去，只是口头应承着说回家考虑一下。

哪里知道，张师傅刚办好事回到家，李女士就打电话问他是否第二天就能上班。李女士说，办房产手续对于公司而言是一个重要岗位，交给陌生人不放心，张师傅是个热心肠，又是熟人，如果方便的话，可以马上上班。

第二天，张师傅就赶到李女士的公司去上班了。如今李女士的公司又扩大了，张师傅也成为桥西分部经理。

张师傅深有感触地说：朋友多了路好走，这话一点也不假。

是的，在很多时候，你面临的生活问题、工作问题，单单依靠个人的力量很难解决。但是朋友多了就不一样了，朋友会出主意，出人力、物力为你解决难题。因此，世界首富比尔·盖茨说："一个人永远不要靠自己一个人花100%的力量，而要靠100个人花每个人1%的力量。"

就职于南京市一家大银行的李华，奉命写一篇有关某公司的资信报告。他知道一家大工业公司的董事长有自己非常需要的资料，于是，李华前去见那个人。当他被迎进董事长的办公室时，年轻的女秘书进来告诉董事长，她今天没有什么邮票可以给他。

"我在为我那8岁的女儿搜集邮票。"董事长对李华解释。

李华向董事长提出一些自己想了解的问题，董事长的回答很含糊，没有给李华提供什么有用的信息，李华无论怎样试探都没有效果。

回到家中，李华一直想怎么样才能打动那位董事长，得到自己需要的资料。他想起秘书对董事长说的话——邮票，8岁的女儿……李华也想起银行的国外业务部经常收到来自世界各地的信件。

第二天早上，李华带了一些邮票送给董事长。董事长满脸带笑，对李华客气得很，连连感谢，说："我的小娜会喜欢这些邮票的。"

然后，董事长用了一个多小时告诉了李华他想要知道的全部资料，之后，他又叫下属进来，问他们一些问题。董事长还打电话给同行，向他们索要李华需要的一些事实、数字、报告和信件。这一次拜访，李华大有收获。

李华所遇到的问题的确很难，因某公司的资信报告很难写，有可能涉及企业的财务及商业机密。但是，李华给董事长送去他女儿需要的邮票后，两人的关系由纯粹的业务关系上升到了朋友关系。李华正是以自己的真诚结交了董事长这个朋友，才得到了朋友的帮助，解决了问题。

很多情况就是如此，当你无法与关键人物建立密切的朋友关系时，事情往往很难取得进展。可一旦你与他建立朋友关系，无论多么难办的事情都会变得容易起来的。

主动和陌生人交往

生活中，很多人都不敢和陌生人交往，觉得和陌生人说话是一件很难的事情，但是在现实社会中，这是不切实际的，随着社会合作程度越来越高，我们不可避免地要去接触越来越多的陌生人，交际能力越来越成为我们不可或缺的生存技能。很多事情只是凭借熟人根本解决不了，还要借助陌生人的帮助。如果你想明白了这一点，就会领悟到，你应该主动结交陌生人，不仅不应该逃避，还要积极去交往。

生活中，人们时常会发出这样的叹息声，在跋涉了几十个年头之后，回头看一看四周，究竟有多少知心的朋友，究竟有多少知心人时，却心中黯然，于是就痛苦地发出寻求知音的呼唤。

中国古代先哲孔夫子曾说"三人行，必有我师焉"，这是说在普通的人中间就可以找到老师，其实我们又何尝不可以说，三人行，必有我友呢？

有些人胆子很小，不敢主动向对方问好。其实，这并不是一件难事。只要抛弃自己胆怯的心里，大胆地走上去跟他说："我一直想跟你说话，但是我很怕接近你。"虽然这是单刀直入，但会令对方无法拒绝你。

所以说，人与人之间的交往都是从陌生开始的，若想结交更多的朋友，并不是一件难事。只要你能主动向对方伸出友谊之手，结识新的朋友将是一件轻松的事情。在一家旅社的房间里，一位旅客正躺在床上看电视，另一位旅客泡了一杯浓茶，一边品茶一边观察这位看电视的旅客，说："师傅来了很久吧？"对方答道："哦，刚来不久。"

"听口音您是山西人？"品茶的旅客问。看电视的旅客说："正是，我是山西大同人。您呢？""山东，德州。"品茶的旅客答道，然后又乐呵呵地说："大同的风景名胜可真多啊。有悬空寺嘛，真了不起，去年我还去那玩了两天。"看电视的旅客听到对方聊起了自己的家乡，马上来了兴致，电视也不看了，和他聊了起来。一会儿说风景极佳，一定要去，一会儿又说小吃味道好，一定要尝。两个人越聊越来劲，俨然就像认识多年的好友。紧接着，两人互赠名片，一起进餐，睡觉之前居然签订了合同。大同的旅客从德州的旅客手里订购了一批货物，德州的旅客从大同旅客那里转入一批价格合理的煤矿。由此可见，本是萍水相逢的陌生人，只要其中一个先伸出友谊之手，陌生人也许就会变成好朋友。就像我们每天上下班都在街头遇到的执勤警察、上下班都见面的汽车售票员一样，甚至我们住处旁边的卖小物件的老大妈，他们都是一个个富有个性的人。再如，出游，吃饭，见客户等方面，我们都能认识新朋友，了解不同人物的性格，打破各自以前的生活方式，发现许多以前不曾发现的生活情趣。大家在彼此由陌生到相知，此时，你会惊奇地发现：原来在自己的生活圈子以外，还有一个非常精彩的世界。在自己生活的世界里，表面素不相识的人，其实都是热心肠的好朋友。

所以说，人缘不是鸟儿，不会自己飞来。要建立一个好人缘，支起一张人际关系网，你必须积极主动。光有想法是不够的，必须将它化为行动。

在这个世界上，各行业都有许多出类拔萃的人物，他们的影响是非同小可的，努力和他们建立良好的关系，这对你的前途有时候是至关重要的。一味地等待只能使你错失良机，绝对不可能使你建立起良好的人际关系，你应该积极地一步一步去做。

在某些场合，你有许多接触他们的机会。如果你想让他们成为自己人际关系网中的一员，就必须付出像那些西方议员一样的努力去执着追求。假如你到一个新的环境，如机关、企业、学校等，在彼此都不认识的时候，你要主动"出击"，以真诚友好的方式把自己介绍给别人。

此外，如果你想多结交一些朋友，就要主动地了解对方的志趣爱好。你可以通过多种方式去得到对方的信息，还要注意与其相处时积累一些有关他的情况。你可以通过他的朋友了解他的为人处世，也可以通过他的一些个人材料了解他。

可能有人会说，我又不是打算在社交上大出风头，我只是脚踏实地地干自己的，有什么必要去认识太多的朋友呀。如果你有这种想法，那么，我可以告诉你，马克·吐温也不是一个靠社交出风头的人，他的主要事业只是埋头写作,他只需要天才的大脑创作更多的幽默小说。然而,马克·吐温实际上有不少朋友,并且与朋友相处得非常好。他曾说过:"一个人,唯有善于把陌生人变成自己的朋友并相处得十分有趣味,那才会真正的快乐。"

所以说,人和人之间的交往是互动的、对应的一种行为。每个人都希望自己有良好的人际关系,但是如果你不主动地与他人交往,而等待别人找上门来与你交往,那是没办法获得良好的人际关系的。只有积极主动的与他人展开沟通与交流,才能不断地得到别人的认可,进而实现交往的目标。

学会倾听和提问

在与人交往时,除了要注意说话的技巧外,还要懂得把说话的机会留给对方,善于倾听和提问。

很多人在和他人交谈的时候,总是喋喋不休地说个不停,让对方在大多数的时间里只能听自己说话。要知道,交谈是双向的,而不是一个人唱独角戏,在交谈中懂得适时地倾听对方说话和提出有关问题,能够表现出对对方的尊重,也有利于引导谈话向更深的层次发展。

学会倾听和提问,让对方多说话,对自己是有益无害的,也是了解别人的最佳方式,也会因此拥有非凡的人脉。

有一位曾在报社任职多年的记者,后来成了一家大企业的部门主任,薪水上涨了几倍。认识这位记者的人都知道,他身材矮小,口才一般,又没有任何耀人的学历。这样的人何以在数十个应征者中脱颖而出呢？

原来他在接到面试通知的时候，立刻去图书馆查资料，知道了这家企业创办人的生平背景。

从背景资料中他发现这位企业负责人，早年进过牢狱，这些不足为外人道的事情，这位记者都暗记在心。同时他知道这个大老板在出狱后，从一个路边的水果零售店做起，后来涉足建筑业，最后才有了目前的大企业。

这位记者在面试的时候说："我很希望为这样组织健全的大企业效力，听说您当年只身南下闯天下，由一个小小的水果摊开始。到今日领导万人以上的企业……"

那个大老板有段不堪回首的牢狱生涯，因此，从不愿提起过去。不料这个记者能避开那不光彩的一面，直接把出狱后的创业和他南下闯天下联起来。这样他就名正言顺地说起了他的成功史，而且超过了面谈时间，大老板还是意犹未尽。

最为奇怪的是，原本面谈应该是应聘的说，招聘的听，而这位记者几乎不用说任何与将来有关的计划，甚至连自己那毫不傲人的学历也不用提到，只要当听众就可以了。

假如这个记者滔滔不绝地介绍自己，说自己怎么样，把自己夸耀一番，也许就会出现另一种结局。

那么，在倾听对方谈话的时候，应该把握哪些基本原则呢？

（1）要有耐心，不能随便打断他人的讲话。有些人话很多，或者语言表达有些零散甚至混乱，这时就要有耐心听完他的叙述。即使听到你不能接受的观点或者伤害某些感情的话，也要耐心地听完。听完后可以反驳或者表示你的观点。

当他人流畅地谈话时，随便插话打岔，改变说话人的思路和话题，或任意发表评论，都被认为是一种没有教养或不礼貌的行为。

（2）集中注意力，真心诚意地倾听。人的思绪进行的很快，往往超过讲话的速度。讲话的速度是每分钟120至160个字，而思考的速度则是每分钟400到600个字。因此，要强迫自己集中注意力。

假如你真的没有时间，或由于别的原因而不愿听对方谈话，你最好客气地提出来："对不起，我很想听你说，但我今天还有一件事要做。"礼貌地提出来，比勉强听或者坐着开小差更好一些。

（3）适时给予反馈。反馈就是用自己的语言复述对讲话人所表达信息和情感的理解，这表明你已经听到并理解了信息。你可以逐字逐句地重复讲话人的讲话，也可以用自己的语言解释讲话人的意思。比如："你的话是不是可以这样概括……"当别人说："我不喜欢我的老板，再说，那个工作也很烦人。"你可以用自己的语言解释："你对你的工作不太满意？"

（4）偶尔的提问或提示给讲话者以鼓励。如："你能详细说明一下刚才你讲的意思吗？""我可能没有听懂，你能再讲具体一点吗？"或用提问或评论的方法鼓励讲话人。"这几条建议，你认为哪一条最好呢？""这很有趣，请你接着说。"

同样，可以适时用简短的语言，如"是"、"对的"或点头微笑来表示你的赞同和鼓励。

俗话说得好："会说的不如会听的。"只有会听，才能真正的会说；只有会听，才能更好地了解对方，促成有效的交流。不重视、不善于倾听就是不重视、不善于交流。交流的一半就是用心倾听他人的谈话。不管你的口才有多么出色，你的言语多么精彩，也要注意听别人说些什么。

在人际交往中，专注认真地倾听对方的谈话，就是在向对方表示你的友善和兴趣，就等于在告诉对方，"你说的东西很有价值"，或"你值得我结交"。因此，对方对你的感情也就更进了一步，"他能理解我"，"他真的成了我的知己。"同时，倾听也能够使对方的自尊心得到满足。倾听的最大价值就是深得人心，使双方感情相通，心理距离缩短，信任度增加。只要时机成熟，双方就可以从陌生人变成好朋友，甚至是知己。

一位心理学家曾说过："以同情和理解的心情倾听别人的谈话，是维系人脉、保持友谊的最有效的方法。"可见，说是一门艺术，而听更是艺术中的艺术。

造物主给了我们两只耳朵一张嘴，就是要我们少说多听。不仅要倾听别人的声音，参考别人的建议，也要倾听平时少为人听或不为人听的声音，因为那里面也许藏有珍宝。学会倾听，发掘生活中的小秘密，这就是许多成功者的秘诀。

因此，注意倾听是你给别人留下良好印象的有效方式。许多人不能给人留下良好印象，就是因为他不注意听别人讲话。心理观察表明，人们喜欢善听者甚于善说者。戴尔·卡耐基曾举过一例：在一个宴会上，他坐在一位植物学家身旁，专注地听着植物学家跟他谈论各种有关植物的趣事，除了提出一个问题之外，几乎没有说什么话，但分手时那位植物学家却对别人说，卡耐基先生是一个最有意思的谈话者。

迅速拉近情感距离

初次见面，交际双方都希望尽快消除生疏感，缩短相互间的感情距离，建立融洽的关系，同时给对方一个良好的印象。那么，怎样通过交谈就能较好地做到这一点呢？

（1）通过亲戚、老乡关系来拉近距离

由于亲戚、老乡这类较为亲密的关系会给人一种温馨的感觉，使应酬双方易于建立信任感。特别是突然得知面前的陌生人与自己有某种关系，更有一种惊喜的感觉。故而，若得知与对方有这类关系，寒暄之后，不妨直接讲出来，这样很容易拉近两人距离，使人一见如故。现在许多大学里面，都存在一些老乡会、联谊会就是通过老乡关系把同一地方的学生召集在一块，组织起来。同时也通过老乡会来相互帮助、联络感情、加强交流。毛泽东同志就常用这种"拉关系"的技巧。新中国成立后接见民主人士时，凡是与他有点亲戚关系、有些瓜葛的，往往是刚一见着面，没说两三句话，他就爽直地和盘托出其间丝丝缕缕的关系，在"我们是一家子"的爽朗笑声中，气氛亲热了许多，使被接见者倍感亲切。

（2）以表示感谢来加强感情

一个同学在跟一个高年级学生接触时的头一句话就是："开学时就是你帮我安置床铺的。""是吗？"那个同学惊喜地说。接着两人的话题就打开了，气氛顿时也热乎了许多。那个高年级同学的确帮过许多人，不过开学之初人多事杂，他也记不得了。而这个同学则恰到好处地点出了这些，给对方很大的惊喜，也使两人的关系拉近了一层。一般说来，每个人都对自己无意识中给别人很大的帮助感到高兴。见面时若能不失时机地点出，无疑能引起对方的极大兴趣。因此，初次见到曾帮过自己的人时，不妨当面讲出，一方面向对方表示了谢意，另外，无形中也加深了两人的感情。

（3）从对方的外貌谈起

每个人都对自己的相貌或多或少地感兴趣，恰当地从外貌谈起就是一种很不错的应酬方式。有个善于应酬的朋友在认识一个不善言谈的新朋友时，很巧妙地把话题引向这个新朋友的相貌上。"你太像我的一个表兄了，刚才差点把你当作他，你们俩都高个头，白净脸，有一种沉稳之气……穿的衣服也太像了，深蓝色的西服……我真有点分不出你们俩了。""真的?"这个新朋友眼里闪着惊喜的光芒。当然，他们的话匣子也就打开了。我们不得不佩服这个朋友谈话的灵活性。他把对方和自己表兄并提，无形中就缩短了两人之间的距离，接着在叙说两人相貌时，又巧妙地给对方以很大的赞扬，因而使这个不善言谈的新朋友动了心，愿意与其倾心交谈。

（4）剖析对方的名字来引起对方的兴趣

名字不仅是一种代号，在很大程度上是一个人的象征。初次见面时能说出对方的名字已经不错了，若再对对方的名字进行恰当的剖析，就更上一层楼。譬如一个叫"建领"的朋友，你可以谐音地称道："高屋建瓴，顺江而下，攻无不克，战无不胜，可谓意味深远啊！"对一位叫"细生"的朋友，可随口吟出"随风潜入夜，润物细无声"。或者剖析其姓名，引出大富大贵、前途无量之类的话，这也未尝不可。总之，适当的围绕对方的姓名来称道对方不失为一种好方法。

说话要懂得迎合人

在人际交往中，不少人对如何与陌生人套交情，多少都有一些抵触心理，不是胆怯就是不屑，或是无从谈起。但是，我们一定要意识到，与陌生人沟通、来往是个绕不过去的坎、非跨不可的沟，不但要正视它，而且还要面对它，更重要的还是怎么做才能真正帮助你搞好与陌生人的关系。

有人说，"经常看到别人聊天时，有说有笑的，非常开心，却不知道他们在谈论什么。我经常与人家好像没话说似的，说着说着就冷场；或者是说着不咸不淡的话，乏味极了。"相信产生这种感觉的人还有很多。问题并不是因为你本身不受欢迎，人家不愿意与你聊天，是你没有找到一个聊天的切入点，才使得交谈的结果不尽如人意。

一般来说，每个人都希望聊一些与自己有关或者自己感兴趣的事情。了解了这一条原则，紧紧抓住，足以使你自然与人相谈尽欢。李先生是一家天然食品公司的业务员。一天，他还是一如往常，把天然食品的方方面面告诉一位陌生的顾客时，对方对他说的话一点兴趣都没有。然而，当李先生正准备向对方告辞时，突然看到阳台上摆着一盆美丽的盆栽，上面种着紫色的植物。李先生于是请教对方说："好漂亮的盆栽啊！平常似乎很少见到。"

"确实很罕见。这种植物叫嘉德里亚，属于兰花的一种。它的美，在于那种优雅的风情。"陌生人从容地解释道。

"的确如此。会不会很贵呢？"李先生接着问道。

"很昂贵。这盆盆栽就要900元呢！"陌生人从容地接着说。

"什么？900元"李先生故作惊讶地问道。

李先生心里想："芦荟精也是900元，大概有希望成交。"于是慢慢把话题转入重点："每天都要浇水吗？"

"是的，每天都要很细心养育。"

"那么，这盆花也算是家中的一分子喽？"这位家庭主妇觉得李先生真是有心人，于是开始倾囊传授所有关于兰花的学问，而李先生也聚精会神地听。

过了一会儿，李先生很自然地把刚才心里所想的事情提出来："太太，您这么喜欢兰花，您一定对植物很有研究，您是一个高雅的人。同时您肯定也知道植物带给人类的种种好处，带给您温馨、健康和喜悦。我们的天然食品正是从植物里提取的精华，是纯粹的绿色食品。太太，今天就当作买一盆兰花把天然食品买下来吧！"

结果对方竟爽快地答应下来。她一边打开钱包，一边还说道："即使是我丈夫，也不愿听我唠唠叨叨讲这么多，而你却愿意听我说，甚至能够理解我这番话。希望改天再来听我谈兰花，好吗？"戴尔·卡耐基曾经说过："要想找人办事得以成功，约有15%取决于技巧，85%取决于口才艺术。"显然，说话水平的高低，已成为一个人找人办事是否成功的关键因素，所以，在找人之前最好能够在语言上动动脑筋。

一个人的说话水平，可以决定他的社会层次。说话水平高的人，谈吐隽永，言辞得体，可以"天机去锦为我用"；赞美他人能够"良言一句三冬暖"。这样的人，往往容易被人尊重，受人欢迎，能赢得他人的友谊、信任、支持和帮助，在找人办事方面自然也容易获得成功。

激发彼此间的共鸣

人与人之间只有未曾认识的朋友，从不曾有陌生人！内向者和陌生人做朋友本来只有一心之隔，心与心的距离是最远的也是最近的。当心与心还未发生碰撞时，彼此之间是未曾相识的朋友；当心心相惜时，彼此就成了很好的朋友。有人说："酒逢知己千杯少，话不投机半句多。"

与初次见面的人交谈，一定要抓住他们的兴趣和注意力，从对方的兴趣入手，循趣生发，往往就能顺利引发共鸣。因为对方最感兴趣的事，总是最熟悉、最有话可说、最乐于谈的。在当今的社会，利益第一，面对初次见面的人，如果你不能在短时间内让对方对你的话题产生兴趣，他就会觉得你是在浪费时间，很容易对你产生反感，所以，一定要时刻观察初识者的注意力和兴趣，从而激发对方的共鸣，这样不仅能拉近彼此之间的距离，而且还能聊得越来越其乐融融。

一位小学教师和一名泥瓦匠，两者似乎没有投机之处。但是，如果这个泥瓦匠是一位小学生的家长，那么，两者可就如何教育孩子各抒己见，交流看法；如果这个小学教师正要盖房或修房，那么，两者可就如何购买建筑材料、选择修造方案沟通信息、切磋探讨。只要双方留意、试探，就不难发现彼此有对某一问题的相同观点、某一方面共同的兴趣爱好、某一类大家关心的事情。有些人在初识者面前感到拘谨难堪，这只是没有发掘共同感兴趣的话题而已。

人常说到什么山唱什么歌，见什么人说什么话。社会上的各种人，具有不同的年龄、性别、性格、脾气等，他们对事物各有不同的思想认识。各人所处的地位不同，对同一事物的理解是有差异的，做人的分寸也就要根据各种人的地位、身份、文化程度、语言习惯来做不同的处理。这就是"对症下药，激发共鸣"，可以为处世打下良好的基础。

我们设想一下，假如你坐在火车上，已经坐了很久了，而前面还有很长很长的路程。你想与他人讲讲话，却不知如何开口，这时，你就要尽力使你的谈话显得趣味十足。坐在你旁边的是一位很没趣的人，而你非常想和他聊天解闷，于是你便搭讪道："真是一条又长又讨厌的旅程，你是否也有这种感觉？"

"是的，真讨厌。"

他同意着，而且语调中包含着不耐烦的意味。

"若看看一路上的高山，倒会使人高兴起来。再过一两个月去爬山，那一定更有趣。"

"唔，唔！"他含糊地答应着。

他显然对这个话题不感兴趣。这时你再也没有勇气说下去了。

假若一个话题对他富有兴趣，那么无论他是如何沉默的一个人，他也会发表一些言论的。因此你在谈话的停滞之中，思考了一番后，又重新开始了。

"刚才车上放的歌曲真动听，"你说，"北京将要举办一次别开生面的演唱会。听说是那英个人演唱会！"

坐在你身旁的那位乘客坐起来了。

"你觉得那英的歌唱得怎么样？"他问。

你回答："唱得很好，我很喜欢听。"

"你喜欢听她的哪首歌？"他急着问。

由此可见，他的确是个文艺爱好者，并对那英敬慕非常。于是你可以说："我很喜欢听她演唱的《一笑而过》。她不仅歌儿唱得好，人也好！"

这位乘客听了这话便兴高采烈，滔滔不绝地谈了起来。毫无疑问，与素不相识的陌生人见面，双方免不了都要存有警戒心甚至敌意。这种心理状态会毫不留情地束缚住双方。人际交往中，尤其是初次交往，尽量让对方放松心情，消除他本身的心理障碍，是首先要解决的问题。"酒逢知己千杯少，话不投机半句多"。在初交时，如果不能打开对方的心扉，一切努力都会变成泡影。要冲破对方的"警戒"线，只有让对方感觉到你是可以信任的。那么，怎么才能让对方信任你，也就是说怎样把你对对方的尊重和信任的态度传达给他呢？

基本的手段便是从具体情况出发去考虑，如果你们仅仅是初次相识，那就要察言观色，以话试探，寻求共同点，抓住了共同点就等于是找到了彼此之间可以交流的话题。如果你们之间的交谈难以找到共鸣，甚至出现话不投机的问题，为了避免出现较为尴尬的局面，那就要高姿态，求同存异，或是检讨自己的不妥之处，表示歉意。如果对方说话似乎有些隐瞒，吞吞吐吐，有顾虑，那就没话找话说，找个合适的话题，以此来引起对方谈话的兴趣。

以同情共感的态度来了解对方的烦恼与要求。这就是心理学中所说的"共鸣"，也叫"移情"。

但是，如果双方是第一次见面，在没有合适话题的情况下，可以就时下的人所共知的社会现象、热点问题谈谈看法，个人私生活的问题不易交谈。

当然，也有一些人对谈话的题材存在误解，在他们的脑海中，似乎只有不平凡的事件才值得谈。因此，他们在和别人见了面，彼此开始交谈的时候，就会在脑子里苦苦思索；希望找到一些奇闻、惊心的事件或刺激新闻为话题。可是，往往他们绞尽脑汁，也术从脑海中搜索出这样的话题，因为这种话题毕竟不多。况且，有些轰动社会的新闻，不等你讲；人家也许早就知道得很清楚了。其实，人们除了爱听一些奇闻轶事外，更多的人是爱听与日常生活有关的普通话题。话家常并非是一般的寒暄，而是为了创造一种话官的气氛，寻找契机，向对方敞开心扉，彼此产生心理共鸣，以达到心灵的沟通。

一个陌生人在你面前并不可怕，可怕的是你不能与他交谈。你只要主动、热情地通过话语，同他们聊天，努力探寻与他们交谈的共同点，赢得对方的好感，这样就能拉近你们之间的距离。

借助"第三者"增强沟通

运用第三者传递信息，实现沟通是一种间接的表达方式，对于消除特定情况下彼此之间的矛盾具有积极意义。之所以这样说，是因为：其一，传话是通过"局外人"实现的，听者会认为传话较为客观而信以为真；其二，传话是在双方脱离接触状态下间接进行的，各方都能冷静理智地考虑问题采取得体的对策，有助于化解矛盾。运用第三者传话有明传和暗传两种方式：

（1）暗中借助式

就是借某人当"传声筒"，但不明说，而是在适当场合，以漫不经心的方式向他袒露自己的想法，借其口进行传播起到沟通信息的作用。比如，有人告诉林肯总统说，国防部长埃德温·斯坦顿曾骂他是个该死的傻瓜（显然，传话人是有意讨好总统，拨弄是非）。林肯听了，没有任何反感表示，而是漫不经心地说："如果斯坦顿说我是个该死的傻瓜，那我很可能是的。因为他办事一向认真，他说的十之八九是正确的。"这话很快被传到斯坦顿那里。他听了极为感动，马上到林肯面前表示崇高的敬意。从这个事例可以清楚地看到，林肯就是将计就计，当着传话人的面，有意对国防部长表示肯定，给以高度评价，有意识地借这个"义务传声筒"把话传过去从而有效地消除了国防部长对自己的不满。像这样不露痕迹地借中间人之口义务传话，只要所传内容不走样，一般效果是好的。

当然，这种方式有一定盲目性。因传话人是自发传话，并不负有责任，他可能传，也可能不传；就是传话，也难免掺杂个人主观好恶，或添加，或遗漏，或更改，甚至使原话面目全非，造成不良后果。所以，运用暗传方式要格外谨慎小心。

（2）明言委托式

有时需要专门委托传话人完成沟通的任务。传话人穿梭于两者之间，准确及时地传递信息，沟通双方的意见，进行间接交锋，最终消除分歧，取得一致。比如，一对恋人发生矛盾，女方拒不见面，爱情濒临夭折。男方通过中间人从中疏通，转达双方意见，论是非，讲条件，明责任，极力调解，最后达成谅解，双方又走到了一起。再如，当同事朋友间发生误会，关系紧张时，也可以通过向第三方说明事情原委，自己主动承担责任，请求传递信息，从中斡旋，使彼此捐弃前嫌言归于好。如此等等。运用这种传话方式效果较好，可以及时有效地消除人与人之间的矛盾，赢得更多朋友。

不管哪一种传话其效果都取决于传话媒介的"保真度"。因此要注意选择为人正直、有责任心的人来传递信息，才能达到预期目的。此外。传话内容不宜长篇大论，应观点鲜明，中心突出，点到要害处。还要注意说实话，不要虚伪和夸张。

不断扩大自己的交际范围

俗话说，多个朋友多条路。善于交际的人，总是在不停地扩大自己的交际范围，认识一个新的朋友，等于进入他的社交圈，从而认识一批人，不断地产生倍数效应。

（1）广泛参加各种团体活动

对于参加联谊会、集训、研讨会或志趣相同者的夏令营、冬令营等活动，都是许多人在一起的集体活动，即便你兴趣不浓也还是积极参加为好。

之所以这么说，是因为此类活动所创造的交际机会是非常多的。比如，有些不喝酒的人，稍微喝了一点，就把心里话全都倒了出来，从此与这些人结成了好朋友。如果你总是说"乱哄哄的有什么意思"之类的拒绝之辞，那么以后就不会有人再邀请你了。

各类社团组织、学术团体聚集着各种人才，大家志趣、爱好相投，有共同语言，可以互相切磋技艺，研究学问。定期举办的各种活动可为其成员提供充分的交往机会，所以，不要放弃你感兴趣的任何团体。

（2）好好利用与人合作的机遇

与人合作的过程也是交友的过程，为扩大社交范围提供了良好的机遇，因为共同的事业是寻觅知心朋友的前提条件，比如，鲁迅以兄弟般的情谊同瞿秋白、冯雪峰协作，领导了革命文化运动。著名妇产科专家林巧稚当年和友情甚笃的三位女友互相帮助，最后一起考入北平协和医科大学。

不可错过与人合作的项目，还要积极寻找共同完成的事业，才可广交朋友。

（3）培养自己的好奇心

爱好、兴趣广泛的人，易于同各种人交朋友。一个人如果会打桥牌、跳舞、游泳、滑冰、打球、下棋等，爱好一多，与大家"凑趣"的机会就多，结交朋友的机会也就多了。

即使自己并不擅长某一方面，但若表现出浓厚的兴趣，博得对方的欢心，因为你肯定了他的特点，引发了共鸣感。

然后就是要有好奇心，集体活动时，不管谁邀请都要去一块儿活动。自己感兴趣的要去，不感兴趣的也要去，不管男性和女性都要兴致勃勃地活动。只有这样才能让人感受你的魅力，让人感受快乐的气氛，自己也能感受，当大家聚到一起时，不要忘了这一点。

再有就是关心各种问题。常关心周围大多数人所关心的事，特别是关心你结交的人所感兴趣的问题。

（4）不要让性格差异成为障碍

常言说，物以类聚，人以群分。志趣相投的人容易接近，反之，则容易疏远。但要记住，社交与选择朋友不完全是一回事，社交圈中，有朋友，但更多的不是朋友，或者只是普普通通的朋友，因此，社交过程中，不要用选择朋友甚至是知心朋友的条件来做标准，凡是志趣不符、性格不合的人一概拒之门外。

威尔·罗志斯说过："我从来没有碰到过我不喜欢的人。"这句话用在社交圈中是很合适的。要扩大社交范围，就要学会接受他人的独特个性，即使是自己并不喜欢的个性。

在社交圈中认识的新朋友应是与你有较大差别的人才好。朋友之间在知识结构、兴趣爱好、生活经历、气质性格等方面存在差别，有助于双方广泛地了解形形色色的社会生活层面。新朋友的见解即使与你大相径庭、迥然不同，也是一大幸事，这可以补充、丰富你的思想。

（5）积极参加集体活动

有些人不喜欢参加集体活动，这些人老埋怨自己没有朋友，实际就是缺少热情。这种心情他自己最清楚。无论大家做什么，需要多少时间，就知道做自己喜欢的事情，绝不与大家一起干。什么都是自己决定，自己能领会的才想做，像这样个性强的人是很难交到朋友的。

如果参加集体活动的兴致不高，你就坐在兴致高的人对面去。"自己没有可以露一手的专长，即使去了也只是凑凑热闹，真无聊！"情绪如此低下，往往会影响周围的人，会令人扫兴。因此，如果坐在性格爽朗、幽默风趣、感召力强的人对面，受其感染就不会那样无聊、寂寞了。大家不知不觉地畅所欲言，原来兴致不高的你也许会发觉自己急不可耐地想参加下一个联谊会。

参加聚会、联谊会一类的集体活动，绝对不能表现出勉勉强强的态度。"啊，毫无意思。不参加就好了！"这样的人，即使去联谊会或集训，好像是局外人一样，自己什么也不去干，还在一边一个劲地发牢骚。这样，不但周围人的情绪受影响，自己也比谁都不愉快。一旦参加活动，对什么事情都应当积极地干，要努力让大家都快乐。

如果你不会唱卡拉，回避也不是办法，当别人唱歌的时候，你要积极应和，为他们打节拍，让大家感受到你的热情。

不会喝酒的人也不要独自走开，更不要感到这种联谊会、聚会对自己是一种无聊的集体活动。可以明确地告诉大家自己滴酒不沾，然后，主动地揽上专司斟酒的活儿，并监督每个人是否完成了"任务"，找点话题挑动大家"斗斗酒"，自己当公证人，活跃一下气氛。这样，自己也不会因为不会喝酒而感觉被排除在集体活动之外，还可以逃避别人的苦劝，真是一举两得。

赢得领导器重的交际原则

对于上班族来说，能否得到领导的器重是一件十分重要的事情，因为领导掌握着下属的"生杀"大权，有时甚至会决定一个人一生的命运。在一个单位中如果得不到领导的器重，就会平白丧失许多机遇，这是每一个上班族的人都不愿意遇到的事情。当然，想得到领导的器重，也不是轻而易举的事情，这需要下属平时在工作中，尤其是处理与领导的关系时努力做好以下几个方面的事情。

（1）勇于担当重任

作为领导，他关心的是怎样才能创出政绩。诚然，政绩的取得离不开下属的配合。一个单位的工作涉及方方面面，单靠领导一个人是根本无法做好的。这时候，领导会把一些工作分配给下属去做。一般情况下，谁都想少出点力，多捞点好处。但是，对于领导来说，单位中一些吃苦受累的重活必须有人替他分担，在别人推脱的时候，如果你站出来替领导把重担挑起来，领导必定会对你刮目相看。因为大多数领导都不喜欢那些在工作上和他讨价还价的下属，他只欣赏那些能为他着想，为他分担重任的下属。

（2）干好本职工作

工作做得好坏是领导对下属的一个评判标准，在一个单位中，每个岗位的工作都与本单位的整体利益有直接关系。如果有一个岗位的工作没有做好，它必然影响到整体利益。

干好本职工作是下属受到领导器重的前提。对于一个连本职工作都干不好的人，有哪个领导会喜欢呢？

一般情况下，领导都很赏识聪明、机灵、有头脑、有创造性的下属，这样的人往往能出色地完成任务。

所以说，要想得到领导的器重，你必须把本职工作干好。

（3）学会把功劳让给领导

中国人在讲自己的成绩时，往往会先说一段套话：成绩的取得，是领导和同志们帮助的结果。这种套话虽然乏味得很，却有很大的妙用：显得你谦虚谨慎，从而减少他人的忌恨。

好的东西，每一个人都喜欢，越是好吃的东西，越是舍不得给别人，这是人之常情。要是你有远大的抱负，就不要斤斤计较成绩的获得你究竟占有多少份，而应大大方方地把功劳让给你身边的人，特别是让给你的上级。这样，做了一件事，你感到喜悦，上级脸上也光彩，以后，少不了再给你更多的建功立业的机会。否则，如果只会打眼前的算盘，急功近利，则会得罪身边的人，将来一定会吃亏。

但需要注意的是让功一事不能在外面或在同事中张扬，否则不如不让功的好。对于让功的事儿，让功者本人是不适合宣传的，自我宣传总有些邀功请赏、不尊重上司的味道，千万使不得，宣传你让功的事儿，只能由被让者来宣传。虽然这样做有点埋没了你的才华，但你的同事和上司总会一有机会设法还给你这笔人情债，给你一份奖励的。因此，做善事就要做到底，不要让人觉得你让功是虚伪的。

（4）要学会交谈

作为下属，即使自己才华横溢，也不要在领导面前故意显示自己，不然的话，会让领导认为你是一个自大狂，恃才傲慢，盛气凌人，从而使他在心理上觉得你难以相处，彼此间缺乏一种默契。

领导也需要从下属的评价中，了解自己的成就以及在下属心目中的地位，当受到称赞时，他的自尊心会得到满足，并对称赞者产生好感。因此，你在交谈时，对于领导的优点、长处，可以毫无顾忌地表示你的赞美之情。

谈话时尽量寻找自然、活泼的话题，令他充分地发表意见，你适当地作些补充，提一些问题。这样，他便知道你是有知识、有见解的，自然而然地认识了你的能力和价值。

不要用上司不懂的技术性较强的术语与之交谈。这样，他会觉得你是故意难为他；也可能觉得你的会干对他的职务将构成威胁，并产生戒备，从而有意压制你。

（5）忠于领导

上级对下级最看重的一条就是下级是否对自己忠心耿耿，忠诚对领导来说更为重要，比如一些单位的司机都是领导的"自己人"，如果不是自己人，一些在车上的谈话，办的一些私事被传出去，会造成影响。因此，要成为领导的自己人，就要经常用行动或语言来表示你信赖、敬重他，领导在工作中出现失误，千万不要持幸灾乐祸或冷眼旁观的态度，这会令他极为寒心。能担责任就担责任，不能担责任可帮他分析原因，为其开脱。此外，还要帮他总结教训，多加劝慰。

（6）与领导保持一定距离

保持一定距离是出于自我保护的需要。一般领导不愿意跟下属关系过于密切，一方面是为了避嫌，另一方面要维护他在你心目中的威信。

任何领导都有不希望被别人了解的秘密，如果你和领导关系过于亲密，对他的事知道得太多，他有可能视你为心腹大患。

和领导保持一定的距离，要注意以下几点：

首先，保持工作上的沟通、信息上的沟通、一定感情上的沟通，但要千万注意不要窥视领导的家庭秘密、个人隐私。你应去了解上级在工作中的性格、作风和习惯，但对他个人生活中的某些习惯和特色则不必过多了解。

和领导保持一定的距离，还应注意，了解领导的主要意图和主张，但不要事无巨细，了解他每一个行动步骤和方法措施的意图是什么。这样做会使他感到，你的眼睛太亮了，什么事都瞒不过你，这样他工作起来就会觉得很不方便。

他是上级，你是下级，他当然有许多事情要向你保密。有一部分事情你只应是知其然而不知其所以然。所以，千万不要成为领导的"显微镜"

和"跟屁虫"。

和领导保持一定的距离，还要注意时间、场合、地点。有时在私下可谈得多一些，但在公开场合、在工作关系中，就应有所避讳，有所收敛。

和领导保持一定的距离，还有一个很重要的方面，就是：接受他对你的所有批评，可是也应有自己的独立见解；倾听他的所有意见，可是发表自己的意见就要有所选择。也就是说，不要人云亦云。

找到能够扶持自己的贵人

在生意场上，初创业者往往起步艰难，如果能通过一定的社交渠道得到某大老板的青睐，那么对自己的事业就会大有帮助，因此我们有必要学学结交大老板的窍门。

（1）从贵人的社会关系着手

大公司的老板或知名老板是很难与一般老板会面的，但是，若能与他们合作或与他们交上朋友那真是很荣幸也是很珍贵的，因为从他们那里你会大开眼界，学到许多你平常学不到的东西。

要与大老板交往，最基础的工作就是要掌握大老板的社会关系。

大老板也是人，他们有各种社会关系，有各种各样的业务，也有各种各样的喜好、性格特征。特别是现代媒体，经常关注一些大老板的情况，从中你定会了解大老板的一二。

人都有各种各样的社会关系，大老板亦如此。你可以从他的简历中认识他的过去、他的经历、他的祖辈、父辈，也可以从他的亲属、他的朋友、他的子女那儿认识了解他。

从业务上了解大老板也是一条好途径。他经营的业务范围主要是哪些，他的分公司、子公司分布在什么地方，这些公司的经营者是谁，他多长时间会查看分公司、子公司，等等。

还可以从兴趣爱好上了解大老板。他喜好什么运动、什么物品、什么性格的人，他喜欢或经常参加什么聚会，他休闲、娱乐的方式有哪些，常到什么地方，等等。

总之，要结交一个大老板又没有机会的时候，你不妨从以上几方面去了解，总会发现一些机会的。

（2）初次见面要引起贵人关注

当你发现了或者制造了与大老板见面的机会后，最重要的便是如何引起他对你的关注。因为，在众多的人物当中，也许你只是普通一员，说不定连话都跟大老板说不上。

在共同出席的会议或聚会上，选择位置时，一定要选择一个与大老板尽可能近的位置，以便他能发现你，并且一有机会便可搭上关系。

同时，要以穿着表现自己的个性，因为与人第一次交往，别人往往是从服饰上得来第一印象。着装要表现个性、特色，使人一目了然。

要尽快发现对方关注点，找到适当的话题，抓住对方的注意力，刺激对方对自己的兴趣，话语要力求简洁、有独创性，使对方产生震动，留下较为深刻的第一印象。胡先生是一家商贸公司的老板，业务面非常广。最近他一直在争取某化妆品的省内代理权，可没门没路谈何容易。一天，胡先生听说该公司老板会出席一场宴会，他马上穿戴整齐，赶了过去。宴会中，一大群人围着那个老板聊天，胡先生则在旁边竖起耳朵听他们讲话。当他们谈到化妆品市场不景气时，胡先生立刻捅话说："女人永远也离不开化妆品，无论怎样高档的化妆品也不愁找不到消费者，不是市场不景气，是我们的销售出了问题。"这番话立刻吸引了那位老板的注意，两人整整聊了一个小时。两个星期后，胡先生拿到了该化妆品的销售代理权。

（3）巧用方法赢得贵人的青睐

适当展示自己的能力是赢得大老板青睐的好方法。大老板一般都喜才、爱才，如果你一贯表现出对他意见的赞同，不敢表现自己独特的见解，他会觉得你唯唯诺诺是个庸才。因此，适当表现自己的独特才干，是会受大老板喜爱的。但是你不能表现得太过锋芒毕露，让人一见就觉得有喧宾夺主之感。

别出心裁送礼品是联系大老板情感的重要方式。这要针对大老板的具体情况，不能千篇一律，不能委托他人。不一定昂贵就是好礼品，要赠送，就要送他特别喜爱的礼物才是。同时在赠送方式上也要别出心裁，从包装样式、赠送方式都要显得别具一格；有时，你不妨请他的太太代理，或许效果会特别好。

写信是交流思想、联系感情的好方式。随着电讯事业的发展，电脑技术的开发，很多人的联系方式都是通过电话、传真等，很少再看见以书信方式交流了。其实，人人都希望有一位朋友悄悄跟自己说话，书信便是最好的方式。在书信里你不必有过多顾虑，敞开心扉与之交流吧！也许，你只花几分钟，相当于同他交流几小时呢。因为，信给人想象的空间很大很大。另外要注意，尽量手写，不要用电脑打印，以免让人觉得不真诚。

如果能得到一位或几位大老板的青睐，那你必会一飞冲天、一鸣惊人。因此不妨多花点心思和大老板搞好关系，把他们变成能帮助你的贵人，这样的"感情投资"是绝对不会让你吃亏的。

第四章　高筑壁垒：不做坏人但要防着坏人

当一切还隐伏着，没有露出苗头，在事情没有发生之前，就预防它发生，像这样的人，是绝顶的聪明人。攻守平衡，这正是成事之道。攻而无守，守而无攻，都是偏执一端的保守。攻守之道不在于外表搔痒，而在于点住穴位，起到以点带面、以小制大的奇特功效，此为察人办事之"棋谱"。

让自己着上层"保护色"

在动物世界里，"拟态"和"保护色"是很重要的生存法宝。"拟态"一般是指动物或昆虫的形状和周围的环境很相似，让人分辨不出来，从而达到保护自己的目的。例如有一种枯叶蝶，当它停在树枝上时，褐色的身体就像一片枯叶一般。"保护色"是指身体的颜色和周围环境的颜色接近，当它在这个环境里时，它的天敌便不易找出它来。比如蚱蜢好吃农作物，它的身体是绿色的，这颜色便是它的保护色。

因为有"拟态"和"保护色"，所以大自然中一些较弱的生物才能世代繁衍，维持起码的生存空间。

在人的世界里，同样也有"拟态"和"保护色"的行为，最具体的例子便是间谍。从事这种工作的人要隐藏自己的身份，并且要避免被人识破，他们所使用的"拟态"和"保护色"就是在角色扮演上尽量和周围人接近，让人分不出他是"外来者"。所以间谍要执行任务时，都要先模拟当地人的生活，穿当地人的衣服，说当地人的话，吃当地的食物，研究当地的历史、民俗，为的是把自己"变成"当地人，以免被人辨识出来。这是人类对"拟态"和"保护色"的运用。

当然，我们不是间谍，可是在险象环生的人生征程中，我们有必要对"拟态"和"保护色"有所了解，并且好好运用。尤其当我们和周围环境相比较呈现明显的差异时，更应该好好运用这两种能力。

例如：初到一个新单位，应尽量入乡随俗，认同这个单位的文化，随着这个单位的节奏呼吸；也就是说，遵守这个单位的规矩和价值观念。这是寻找"保护色"，避免自己成为与周围环境格格不入的人，否则会造成别人对你的排挤；如果你一意孤行，自以为是，那么苦日子必定跟着你。当你的"颜色"和周围环境取得协调后，你已成为这个环境中的一分子，而达到"拟态"的效果。到了这个地步，你起码的生存环境就已经营造好，不致发生问题了。

"拟态"的特色之一是静止不动，有"保护色"，又静止不动，那么谁也奈何不了你。因此，为了避免不必要的灾祸，有时需要遵守"静止不动"的原则，也就是说，不乱发议论，不结党营私，好让人对你"视而不见"，那么就可以把危险降到最低程度。

有些人在家被抢，是因为房子装潢得太漂亮，让人一看就以为是有钱人家；有人半夜遇劫，是因为戴着名贵首饰。这是因为他们不知"拟态"和"保护色"的作用，相形之下，有些大富翁出门一袭粗衣，以计程车代步,这种人就深懂"拟态"和"保护色"的奥妙。

"拟态"和"保护色"的本能是生物演进的结果,"弱者"有,"强者"也有。"弱者"是为了自身安全,"强者"则是为了更好地出击进攻去攫取猎物。大自然的奇妙,其实也一样存在于人性丛林之中,这很值得我们好好体会。

认清小人才能防住小人

对于正大光明前来挑战的对手,我们只需凭实力去应对就行了,然而对于那些躲在暗处的奸猾小人,防备起来恐怕就不那么容易了。然而,任何事其实都是防患于未然,才能做到有备无患。因此,如若能练就在事前先识别出奸诈小人的本领,则可将伤害降到最低程度。

东汉末年,刘备和许汜闲谈,谈到徐州的陈登时,许汜突然说:"陈登这人太没教养,不可结交。"

"你有根据吗?"刘备感到惊异。

"当然有",许汜说:"前几年,我去拜访他,谁想他一点诚意也没有,不但不理人,而且天天让我睡在房角的小床上。"

刘备笑着说:"他这样做是对的。你在外边的名气大,人们对你的要求也就高了。当今之世,兵荒马乱,百姓受尽了苦。你不关心这些,只打听谁家卖肥田,谁家卖好屋,尽想捞便宜。陈登最看不起这样的人,他怎么会同你讲心里话？他让你睡小床，还算优待哩。若是我，就让你睡在湿地上，连床板也不给的。"

刘备的这番话虽然针对的并不是那种奸诈的敌人，然而他所指出的识人方法值得深思。

一般而言，了解、识别奸人的办法有七种：

一是通过某些是非问题来了解其立场；

二是追根问底地进行追问以了解其应变、答辩能力；

三是通过询问计谋来了解其学识；

四是告诉危难情况和灾祸来了解其胆量和勇气；

五是用酒灌醉后来了解其修养；

六是给予其得到财物的机会以观察其是否廉洁；

七是嘱托其办事以观察其是否守信用。即识别人要从各个角度进行。

小人的特征是在别人不防备他的时候主动进攻他人，因此，对小人决不可没有提防之心。提防的办法是掌握下面小人活动的四个基本规律：

规律之一：小人表现为"志色辞气，其人甚偷；进退多巧，其人甚数；辞不至少，其所不足。"这种人无论在言语、表情上看，都有假象；办事好投机取巧，讨好别人却不厌其烦；花言巧语不少，但值得相信的不多，不负责任，一肚子坏点子。

规律之二：小人是"言行多变"，对人前后不一，态度反复无常，行为不淳朴厚道的人。

规律之三：小人"少知而不大决，少能而不大成，规小物而不知大伦"的人，即卖弄小聪明而决定不了大事，炫耀自己的小能耐而没有大能力，局限于鼻子底下的小事而不懂大道理的人。

规律之四：小人是"规谏而不类，道行而不平"的人。这种人虽也进谏，但都是讲些不伦不类的事，表面上道貌岸然，实际办事却很不公道。他们这样做无非是为了捞取名誉，所以欺世盗名。

小人最擅长的是阿谀奉承，他们这样做的最终目的是为了从执权者身上得到回报，一旦他们取得执权者的信任或任命，就会很快地使自己的羽翼丰满起来，到那时，他们的真实嘴脸就会暴露出来，说不定会对有知遇之恩的人反咬一口。

所以凡是诚心要干事的人，一定要留意自己身边一味顺着自己的意志说好话的人，切不可因为他说的都是自己爱听的话就重用他，提拔他，那样做无异于养虎遗患。

君子本是品格、道德、学问极高之人，且足以为民众之表率，但是若表面伪装得一副道貌岸然，清高的模样，暗地里却做着违反常伦、伤天害理、阴险狡诈的事情，那便是个令人寒心的伪君子。

因为小人之为恶，是明显易知的事，我们可以心存防范之意，而不至于被骗或受到伤害。但是伪君子便不同了。他明里是个君子，使我们信任他，而疏于防范。但他背地里所施行之不义恶行，反而会使我们所受到的伤害更大。因此而言，识奸防奸的必要性，不仅仅在于保障我们猎取成功的行为不受干扰，更在于保障我们最基本的身心安全。一旦连这都成了问题，那其他的一切显然也都会无从谈起。

小人物也不可轻易得罪

战国初期，魏国是最强大的国家，这同国君魏文侯的贤明是分不开的。他最大的长处是"礼贤下士"，"知人善任"，器重和尊敬品德高尚而又具有才干的人。

魏国有一个叫段干木的人，德才兼备，名望很高，隐居在一条僻静的小巷里，不肯出来做官。魏文侯想同他见面，向他请教治理国家的方法。有一天，他坐着车子亲自到段干木家去拜访。段干木听到文侯车马响动，赶忙翻墙跑了。魏文侯吃了闭门羹，只得怏怏而回。以后接连几次去拜访，段干木都不肯相见。但是，段干木越是这样，魏文侯越是仰慕，每次乘车路过他家门口，都要从座位上站起来，扶着马车的栏杆，伫立仰望，表示敬意。

左右的人对此都有意见，说："段干木也太不识抬举了，您几次访问他，他都避而不见，您还理他做什么呢？"魏文侯摇摇头说："段干木先生可是个了不起的人啊，不趋炎附势，不贪图富贵，品德高尚，学识渊博。这样的人，我怎么能不尊敬呢？"后来，魏文侯干脆放下国君的架子，不乘车马，不带随从，徒步跑到段干木家里，这回好歹见了面。魏文侯恭恭敬敬地向段干木求教，段干木被他的诚意所感动，替他出了不少好主意。魏文侯请段干木做相国，段干木怎么也不肯。魏文侯就拜他为师，经常去拜望他，听取他对一些重大问题的意见。

这件事很快就传开了。人们都知道魏文侯"礼贤下士"，器重人才。于是一些博学多能的人如政治家翟璜、李悝，军事家吴起、乐羊等先后来投奔魏文侯，帮助他治理国家。特别是李悝，在魏国实行变法，废除奴隶制的政治、经济体制，使新兴的地主阶级起来参与国家政权，使魏国经济迅速地发展起来，终于成为最强大的诸侯国之一。

人与人之间社会地位不平等，有的人官做得大，有的人官做得小；有的人有钱，有的人没钱……这一切有时也决定了彼此面子上的差别。一般情况下，处于劣势的人脸子都小，与"大人物"交往心有顾忌，生怕被人瞧不起。

这时，身居高位的人在自己的言行中更要小心谨慎，你的一句话、一个眼神儿、一个动作，都说不定会触及他人敏感的神经。许多成功的伟人深明此理，往往对处于下位的人格外关照，因此也就格外赢得人心。这恰好应了那句俗话："不是虚心岂得贤！"

让"小人物"感到自己受重视，没有被冷落，光靠热情礼貌还嫌不够。有时还必须施展一些手段，把双方的面子扳平，使"小人物"脸上有光。这里，向你提供两个简便易行的方法，不妨一试：

其一，适度地往自己脸上抹点儿"黑"，讲一桩自己的"丑事"。人情面子像一块跷跷板，一头高，另一头自然就低。通过自我"抹黑"把身份降低，大家感觉上就平起平坐了。

威尔逊当选为美国新泽西州州长之后，有一次，在纽约出席一个午餐会，主持人在介绍他时，称他为"未来的美国总统"。这自然是对他的刻意恭维，可是对其他在座的人来说，却产生了相形见绌之感，众人的脸上都有些挂不住了。

威尔逊因此想扭转这种一人得意众人愕然的局面。他起立致辞,在几句开场白之后,他说:

"我自己感到我在某方面很像一个故事里的人物。有一个人在加拿大喝酒过了头,结果在乘火车时,原该坐往北的火车,却乘了往南的火车。

"大伙发现这一情况,急忙给往南开的列车长打电报,请他把名叫约翰逊的人叫下来,送上往北的火车,因为他喝醉了。

"很快,他们接到列车长的回电:'请详示约翰逊的姓,车上有好几名醉汉,既不知自己的名字,也不知该到哪去。'"

威尔逊最后说:"自然,我知道自己的名字,可是我却不能像主持人一样,知道我的目的地是哪里。"

听众大笑。威尔逊幽默的谦逊,使众人感觉摆平了面子,因此,消除了敌对不服的恶意。

其二,记住"小人物"的名字。

在人声嘈杂的会议室里,我们听不见别人与己无关的夸夸其谈,可是,如果他们偶尔提到你的名字,那么你的大名立刻就会飞到你的耳朵里。当你在街上行走时,如果突然听到有人叫你的名字,尽管你还没有发现呼唤你的人,但你也会下意识地停下脚步,予以回答,并左顾右盼,寻找呼唤你的人。正如一位心理学家断言:在人们心目中,唯有自己的名字是最美好、最动听的。

人们在日常生活中,都有这么一种共同的体验:能够在邂逅的场合立刻叫出你名字的人,你马上会觉得脸上很光彩,有一种被他人重视的甜蜜感,从而迅速对对方发生好感。

当年罗斯福首次竞选美国总统的时候,为了帮助他在竞选中获胜,他的助手吉姆·法里充分发挥他超人的记忆力,吉姆周游美国各地,结识了各界人士两万多人，并且能准确无误地分别随意叫出其中任何一个人的名字。不仅如此，他还尽可能将对方的家庭情况、政治见解等牢记在心。下次再见面时，他就问问对方家里人的情况，以及庭院里树长得怎样了之类的问题。这样一来，被结识的人感到十分高兴和荣幸，随之爱屋及乌，纷纷对罗斯福担任总统投了赞成票，从而奠定了他竞选获胜的广泛的社会基础。

也许可以说，罗斯福当选总统，很大程度上应归功于他的助手吉姆·法里的绝招——广记人名。

姓名是最甜的语言，说出对方的名字，这会成为他所听到的最甜蜜、最重要的声音。对"大人物"来说，记住他人姓名的方法，可以说最经济、最便捷、最有效地满足他人面子需要的诀窍。

稳住你也许是为了拿你开涮

善于背后使坏的人是因为他摸清了这样一个规律：明枪易躲，暗箭难防。唯其难防，才容易一招制胜，所以他会千方百计地尽量使用"暗箭"。但天底下并不是只他一个聪明，为了让那些一样聪明的人落入圈套，他会使尽浑身解数先把你稳住，稳住之后再拿你开涮才涮得熟。

南齐的大司马萧衍握有实权，他想让齐和帝把江山禅让给他。沈约是萧衍身边的人，对萧衍的想法他是心知肚明。有一天，沈约向萧衍进言说："如今连三岁小孩都知道齐朝的国运不久了,您英明神武,应该挺身而出,接受天命啊,天意不可违,人心不可失。"萧衍听了心里很舒服,说："我正考虑这事呢。"

沈约走后,萧衍又召进范云,告诉他自己想让齐帝禅让的打算。范云的回答与沈约一样,萧衍高兴地说："果然是智谋之士啊,见识如此相通!你明天上午带着沈约一起来!"

范云出门后,告诉了沈约,沈约眼珠子一转,叮嘱范云:"明天上午,您可一定得等着我。咱俩一起去。"范云当即答应了。

但到了第二天上午,沈约却提前去了。萧衍命令沈约起草接受禅让登基的诏书,沈约忙说:"我昨晚早就起草好了。"说着递了上去。萧衍很高兴,连连夸奖沈约会办事,说:"事成之后,这头功是你的。"

不久,范云从外面赶来,到了宫门,却无法进去,只好在寿光阁外焦急万分地走来走去,口里不停地发出"咄咄"的声音,看来急得够呛。

等到沈约出门,范云赶忙上去问道:"怎样安排我?"沈约举起手来向左一指,暗示已安排范云为尚书左仆射一职,范云这才如释重负地说道:"这还差不多。"

沈约做人很成问题,为了抢头功,把朋友给涮了,一面叮嘱别人"一定要等着我",一面却提前进宫,兜售自己的私货,将开国的头功一把抢在手中。和这样的人共事,可一定要小心啊。

五代时期也有一个有趣的故事。

当时有两员大将,一个叫张颢,一个叫徐温,他们在一起密谋,准备杀死节度使杨渥,然后二人取而代之。

但是,这是要冒很大的风险的事,要是事情败露,那可会招致杀身之祸,甚至牵连到九族。怎么做才能既可以从事变中捞到好处,又不用承担失败的风险呢？狡猾的徐温想到了一个绝妙的办法。

一天，两人在具体讨论事变事宜的时候，徐温对张颢说："在行动的时候，如果我们两方面的兵马都参加的话，必然步调很难协调一致，不如全部用我的兵马吧，那样便于指挥，成功的几率也大得多。"张颢想，徐温肯定想独占功劳，那可不能让他得逞。他便对徐温的提议表示反对。徐温于是顺水推舟说："两方面的军队确实是不便于行动，您要是不同意全部用我的兵马，那就全部用您的手下吧！"张颢欣然同意了，事情就这样决定了下来。

后来兵变果然失败了，朝廷开始彻底追查叛党，由于发现被捕的士兵全是张颢的手下，因此大家都认为徐温当时根本就未曾参与谋反的事，徐温就这样得以置身事外。

不可否认，徐温是一个阴险奸诈之徒。但是，就事论事，他的方法真是绝妙：兵变成功，自己也是一个参与者，自然可以分得一杯羹；兵变失败，自己可以安然置身事外，不担一丝风险。我们在现实生活中，也要对这种人加以提防。

认清"好意"背后的真意

一个人遇到事情手足无措，或者陡然听到对自己不利的事情不知如何是好，这时候如果有人以真诚的语气和姿态给你出谋划策，你常会毫无保留、没有戒心地接受照办。如果此人并无坏心，那也罢了，反之，如果此人心怀鬼胎，他的所谓"好意"只不过是伸把手将你往火坑里推，让你跌得更重、烧得更惨一些，你也只能轻而易举地着了他的道儿。

战国时候，魏王送给楚王一个美人。这美人年方二八，身材苗条，体态风骚，楚王非常喜欢她。

楚王的夫人郑袖，见新来的美人姿色出众，胜过自己，妒意油然而生。但她见楚王这么喜欢这位美女，不敢造次，只好把自己的真实感情掩藏起来，装作自己比楚王更喜欢她。华丽的衣服，精致的玩具，美人想要什么，郑袖便选择什么送给她，结果美人对郑袖很是感激。郑袖还时常对楚王说："你新来的这位美人，真是美如天仙，举世无双！"说得楚王心花怒放。

楚王见妻妾和睦相处，互相称赞，感到心满意足。他说："夫人知道我喜爱新来的美人，她就比我更喜爱她，这种态度，只有孝子奉养双亲、忠臣侍候君主时才会有啊！"把郑袖着实称赞了一番，同时，他更加喜爱新美人了。

郑袖知道，楚王以为自己并不妒忌新来的美人，觉得时机已经成熟。于是，她告诉新美人说："大王非常喜欢你，只是有点讨厌你的鼻子，如果你见大王时经常捂住鼻子，大王就会长久地宠爱你了。"

新美人对郑袖向来是言听计从，每次都受益匪浅，她以为夫人这次也是关心自己，就听从了。以后见楚王的时候，新美人每次都捂着鼻子。

刚开始的几天，楚王还没在意，时间长了，他不禁感到很奇怪。有一回，楚王私下里问夫人："新美人见寡人时常常捂住鼻子，你知道是什么原因吗？"

郑袖吞吞吐吐地说："我……不知道。"

楚王见了，觉得其中必有缘故，就一再追问。郑袖装作不得已的样子说："她曾经说，她讨厌大王身上的气味。"

楚王听了，气得一拳打在桌子上，骂道："这个小贱人！"他开始疏远新美人，连续两天没召见她。

接下来的一天，楚王让郑袖陪他去花园游玩。郑袖悄悄地叫卫兵去通知新美人，说楚王紧急召见她。当新美人慌慌张张跑来，捂着鼻子拜见楚王时，楚王不觉勃然大怒，命令卫兵："给我把这贱人的鼻子割掉！"在古代，割掉鼻子是一种酷刑，叫作"劓"。

可怜新美人糊里糊涂地被割掉了鼻子，从此不能再见楚王。

郑袖的阴谋之所以能得逞，是因为她是楚王的夫人，与楚王相处很久了，早已得到了楚王的信任。而那个美人虽然受楚王宠幸，但她一是地位不如郑袖高，二是与楚王沟通不够，楚王虽喜爱她，但还没有信任她。所以在三者之中，郑袖可以与楚王交流信息，可以与美人交流信息，而楚王和美人之间却没有交流信息，这就存在一个"信息不对称"的问题。这就难怪楚王偏听偏信，让郑袖的阴谋得逞了。

还有一个故事：唐玄宗时的宰相李林甫，凭着巴结、奉承、献媚取宠得到了皇帝的信任，凭着他的"口蜜腹剑"陷害了一个个大臣，以维护自己宰相的权位。

有一次，李隆基和李林甫在一起闲谈，谈到了一个官员严挺之，李隆基说："严挺之在哪里？我听说他是个将相之才，应该委以重用。"李林甫本来就非常妒忌严挺之的才能，害怕他有一天会夺去自己宰相的位置，忽然听皇上这么一说，就更担心了。于是他搪塞地回答了皇上的话后，就赶紧找来严挺之的弟弟严损之，装出一副十分亲密的样子，促膝谈心，叙述旧情，并答应推荐严损之当员外郎。然后又说："皇上很喜爱你哥哥的才华，为什么不让你哥哥假说患了风寒，向皇上请求回京城医疗，这样就有机会见到皇上得到重用了。"

严损之听了满心欢喜，便到绛州把李林甫的话告诉在那儿当刺史的哥哥严挺之。严挺之觉得这是一件好事，不假思索，就按照李林甫的话写了一张表，派人交给李林甫。李林甫见严挺之中了计，非常高兴，就拿着这张表报告皇上说："严挺之现在年老体衰，又得了风疾，应该让他担任闲官，以便治疗。"玄宗接过表来，一边看，一边摇头叹息道："可惜，可惜！"结果，天宝元年（公元742年）四月，玄宗便下令让严挺之做太子詹事，待在洛阳养病。

李林甫就这样两边当好人，暗中使手段，让别人受到陷害还不知道是怎么回事，这样的例子还多着呢！

一次，玄宗在勤政楼上隔着帘子观看歌舞。兵部侍郎卢绚以为玄宗已经走了，就垂着马鞭，拖着缰绳，慢慢穿过楼下。卢绚风度翩翩，玄宗一边看着他，一边赞叹道："好一个卢绚！"宦官高力士在旁边听到了，就暗中告诉了李林甫。

李林甫看玄宗又喜欢上了卢绚。害怕威胁到自己，就把卢绚的儿子叫来，说："你父亲在朝中很有威望，现在交州、广州一带经常发生动乱，皇上想派你父亲去那里整顿整顿，不知道你们愿意不愿意去？"交州是个十分偏远的地方，经常闹瘟疫，李林甫自然知道卢绚一家不愿意去，故意撒谎这样说。接着他又进一步威胁说："如果拒绝圣上的旨意，龙颜不悦，恐怕会获罪啊。"卢绚的儿子一时慌张起来，没了主意，就请求李林甫在皇帝面前说情。

李林甫故作为难的样子，想了一会儿说："这样吧，我帮你们一个忙，就让你父亲到东都洛阳去担任太子宾客或者太子詹事，怎么样？那也是块肥缺，你回去劝劝你父亲。"卢绚不愿意到远处去任官，又怕被降职，只好上书请求担任太子詹事。李林甫为了掩人耳目，就先让他到华州当刺史。过了不长一段时间，李林甫便向明皇打小报告说卢绚身体不好，难以管理州事，打发他到东都去做太子詹事了。

把馊主意当作金玉良言说给你听，这种人、这种事不仅古代有，现在在我们身边也有。古人云"君子坦荡荡，小人长戚戚"。如果"坦荡荡"的君子总被"常戚戚"的小人出的馊主意绊倒，说明作为君子除了"坦荡荡"之外还要多留个心眼儿，多一点防范坏人、保护自己的意识。

"甜头"未必都好吃

钓鱼的人要下饵，骗子往往诱人以小利，许多"聪明人"在见到"甜头"的时候，就忘了"天上不会掉馅饼"的道理，不加防备地走进人家设好的圈套，以至于不得不独自品尝更大的"苦头"。

11岁的布鲁克林和父亲在芝加哥一条热闹的大街上漫步。经过一家服装店，门口站着一个笑容可掬的圆脸男子。他一见布鲁克林他们，立刻向他父亲伸出手来，一副兴高采烈的样子，嚷嚷道："先生您请进，欢迎您光临本店！我们有一种漂亮的服装，配您的身材再好不过了！今天大减价，您可别错过良机啊！"

布鲁克林的父亲说："不，谢谢！"他们继续散步。布鲁克林回头扫了一眼，那位能说会道的推销员又缠上了另一个人。他抓着那人的胳膊，边向他介绍一种蓝色带条纹的套装如何如何，边拉着他进了店铺。

"这对康纳利兄弟呀，"父亲轻轻笑道，"他们靠装耳朵聋赚的钱已经供三个孩子上了大学。"

奇怪，装聋也能发财？接着，父亲为布鲁克林解开了疑团。

原来，两兄弟中的一个把顾客哄骗进店里，劝说顾客试试新装是易如反掌的，这样前前后后摆弄一阵，顾客最后总要问道："这衣服价钱多少？"

这位康纳利先生就把手放在耳朵上大声说："你说什么？"

"这服装多少钱？"顾客高声又问了一遍。

"噢，价格嘛，我问问老板。对不起，我的耳朵不好。"

他转过身去，向坐在一张有活动顶板的写字台后面的兄弟大声叫道："康…纳利…先生，这套全毛服装定价多少？"

"老板"站了起来，看了顾客一眼，答话道："那套吗？72美元！"

"多少？"

"七……十……二美元。""老板"喊道。

他回过身来，微笑着对顾客说："先生，42美元。"顾客自认为走运，赶紧掏钱买下，溜之大吉。

这场骗局的妙处，就在于康纳利兄弟的狡猾欺诈与顾客急不可耐的上钩配合默契。生活中这类的事情也屡见不鲜。

一天，牛大爷去城里看望儿子儿媳，走到半路上，突然见到一个精美的首饰盒滚到他的脚边。身旁的一个小伙子眼尖手快，急忙捡了起来，打开一看，里面竟然有一条金项链，还附着一张发票，上面写着某某饰品店监制，售价2800元。牛大爷当即拽住小伙子，让他在原地等候失主；可是等了老半天，还是没人来领。

那个小伙子便小声提议两个人私分，说："给我一千元，项链归你。"边说边朝巷口走去。牛大爷一听，这怎么可以，但是看看项链，心里就有点动摇了。他心想："我可以把它送给我的儿媳妇，当年她嫁过来的时候，我们手头不宽裕也没怎么给她买过东西。这次去看他们，正好把这个项链送给她，她一定会很高兴的，这也是我这个做公公的一番心意嘛。"

牛大爷的犹豫没有逃过小伙子的眼睛，他更是一个劲地说这条项链有多好，今天运气好才会遇到的。牛大爷经不住小伙子的游说，便说："可是我没有这么多钱，我是来城里看我儿子的，身上只带了八百块钱。"

小伙子故作大方地说："这样呀，没关系，我就吃点亏，谁叫您年纪比我大呢？"

于是，牛大爷就把好不容易凑到的八百块钱给了小伙子，拿着那条金项链美滋滋地向儿子家走去。

一到儿子家，他便把路上的事情跟儿子儿媳说了，还拿出那条金光闪闪的项链送给儿媳妇。小夫妻俩一听就不对，果然，那条项链根本就是假的。

牛大爷这才恍然大悟，原来人家设了一个陷阱让他跳，他非常懊恼，因为那八百块是准备给还没出生的小孙子买东西的。

牛大爷因为贪吃天上掉下来的馅饼而掉进了圈套中，其实，这些陷阱都是人们自己挖掘的；而人生最可怕的，莫过于跳进自己亲手挖下的陷阱中！

一分辛苦一分收获，世界上没有不劳而获的事情。不要被突如其来的实惠或好运迷惑，其实天上是不会掉馅饼的，然而生活中的陷阱实在太多了。金钱、名誉、地位、美女、机遇……其实所有的陷阱都有一个共同特点：就是抓住人们爱贪便宜的心理，使人像中了魔似的不能脱身，毫不犹豫地掉进陷阱里。掉进陷阱里的人，全都是因为贪恋不该属于自己的东西，被不属于自己的东西所诱惑，结果总是得不偿失的。

有时候仅需要蝇头小利，就可以让一些"聪明人"变成傻子，生活在这样一个充满诱惑的时代，你需要保存一分对世事的清醒，面对诱惑多一些思索、多一分清醒，就不会被生活的陷阱欺骗、套牢了。

远离与见利忘义的人

在这个世界上，既有为朋友两肋插刀的人，也有在利益面前朋友靠边站的人，对于前一种人，我们应该倾心与他交往，对于后一种人，我们要严加提防，防止这种人把你当作往上爬的人梯，这种人的结交都具有很强的目的性，他一见到你身上有他想要得到的利益，就会与你套近乎，然后慢慢成为你的知心朋友，可他一旦从你身上获得了他的利益，他就会毫不犹豫地把你一脚踢开，甚至会让你成为其利益的牺牲品。

东晋大将王敦因谋反被杀，他的侄子王应想去投奔江州刺史王彬；王应的父亲王含想去投奔荆州刺史王舒。王含问王应："大将军以前和王彬关系怎么样，而你却想去归附他？"王应说："这正是应当去的原因。王彬在人家强盛时，能够提出不同意见，这不是常人能够做到的。到了看见人家有难时，就一定会产生怜悯之情。荆州刺史王舒是个安分守己的人，从来不敢做出格的事,我看投奔他没用。"王含不听从他的意见,于是两人就一起投奔王舒,王舒果然把王含父子沉入长江。

当初王彬听说王应要来,已秘密地准备了船只等待他们;他们最终没能来,王彬深深引为憾事。

蔺相如曾是赵国宦官缪贤的一名舍人,缪贤曾因犯法获罪,打算逃往燕国躲避。相如问他:"您为什么选择燕国呢?"缪贤说:"我曾跟随大王在边境与燕王相会,燕王曾握着我的手,表示愿意和我结为朋友。所以我想燕王一定会接纳我的。"相如劝阻说:"我看未必啊!赵国比燕国强大,您当时又是赵王的红人,所以燕王才愿意和您结交。如今您在赵国获罪,逃往燕国是为了躲避处罚。燕国惧怕赵国,势必不敢收留,他甚至会把你抓起来送回赵国的。你不如向赵王负荆请罪,也许有幸获免。"缪贤觉得有理,就照相如所说的办,向赵王请罪,果然得到了赵王的赦免。

缪贤以为燕王是真的想和自己交朋友,他显然没有考虑自己背后的一些隐性因素,比如自己当时的地位、对燕王的利用价值,等等。可是现在他成了赵国的罪人,地位已经变了,交朋友的价值也就失去了,他贸然到燕国去,当然很危险了,蔺相如看问题可真是一针见血啊!

实际上,一个人是不是可以相交成为朋友,不可以等到大事当前再去判断,而应在平常的小事中就注意观察,这样可以防止临时抱佛脚。利益是一块试金石,山盟海誓不可信,利益面前见分晓。一头儿沉的人私心重,未达目的不择手段,交友时碰到这样的人,千万别被他的花言巧语所迷惑。

有些人笑里藏着刀

　　人际交往中的明争暗斗，往往披着美丽的外衣，你要是被迷惑住了，那就会一败涂地。比如《红楼梦》里的王熙凤，被人称为"明里一盆火，暗里一把刀"，表面上对尤二姐客套亲切，背地里却玩弄各种手段，欲置尤二姐于死地，当然，"当面赔笑脸，背后捅刀子"多半都是因为竞争，王熙凤陷害尤二姐便是为了夺回丈夫的宠爱。所以当你和别人有了竞争关系后，就应该做到心中有数才行。

　　老冯和老周是好朋友，也是相处不错的同事。他们公司的新经理制定了一个奖励措施，谁创效益最多将给一个特别奖，金额颇为可观。老冯非常希望获得这笔钱，因为他的孩子明年上大学急需要一笔钱；老周也对这笔钱看得很重，因为他爱人整天向他嘀咕谁的老公又挣了辆小车谁的老公又升了一个职位……老周极其希望借着新经理的改革举措，为自己在夫人面前扬眉吐气。老冯疯狂地跑业务，绞尽脑汁地联系，有时，也将自己的情况诉说给老周。老冯不相信同事之间会失去真诚和友谊，他认为几年来他俩已相处得挺好了。忽然间，老冯发现自己的一些客户都支支吾吾、言而无信了。他不明白为什么。有人告诉他，他的客户听说他是品行恶劣的人，喜欢擅自将商品掺假，自己从中获取非法利益……总之，关于他的谣传很多。年底的时候，老周获得了特别奖。老冯从老周的业绩单上顿悟过来了。他的嘴里不断地喃喃自语：怎么会这样？怎么会这样？

老冯的失误在于他没有认清这种对立矛盾的现状，反而盲目信任同事。在没有竞争的日子，也许大家能做到彼此相悦，其乐融融，一旦进入角斗场，角色就变成了有"对立矛盾"的人。

在竞争中，除非一方自愿放弃，否则，必然有刀光剑影的闪烁、明枪暗箭的中伤，令人防不胜防、难以回避。

当你棋逢对手时，你的情感、理智、道德、功利都遭遇最大的考验。当你想获得成功的时候，是否不遵守道德准则；当你坦诚地面对竞争者，对方是否正在利用你的善良和诚意进行攻击……

有人就曾对这种表面端笑脸，背后"捅刀子"的做法，做过一番评论："他们只要能达到自己的目的，别人亡身灭家，卖儿贴妇，都不会顾忌；他们的成功诀窍在于，凶字上面定要蒙一层仁义道德。""害人之心不可有，防人之心不可无"，我们不去向别人"捅刀子"，但也不能傻傻地等着别人害自己，这就要求我们对这种阴险的人有所防备，竖起警戒网，不给对方机会出"刀子"。

别被装傻的表象欺骗了

俗话说，傻人自有傻人福，这傻人之福从何而来？因为外表看起来有些呆傻憨直的人，也常兼备直爽、忠诚、勤恳、负责等优秀素质和品格，所以傻人自有其可爱之处，容易以其憨傻赢得人们的喜爱、赏识。人们同他们相处时心里不存芥蒂，没有防线。恰恰是这一点，一旦被别有用心的人利用，他以装傻掩其奸，你便很容易中了他的迷惑术，等到他反戈一击的时候再采取什么措施也只能算亡羊补牢了。

唐朝安禄山在发起攻击之前，用了整整10年时间来进行"卖傻装憨"，可谓用心良苦。

安禄山故意装出憨直、笃忠的样子，赢得唐玄宗百般信任，对他毫不防备。公元743年，安禄山已任平卢节度使，入朝时玄宗常常接见他，并对他特别优待。他竟乘机上奏说："去年营州一带昆虫大嚼庄稼，臣即焚香祝天：我如果操心不正，事君不忠，愿使虫食臣心；否则请赶快把虫驱散。下臣祝告完毕，当即有大批大批的鸟儿从北飞下来，昆虫无不毙命。这件事说明只要为臣的效忠，老天必然保佑。应该把它写到史书上去。"

如此谎言，本十分可笑，但由于安禄山善于逢迎，玄宗竟信以为真，并更加相信他憨直诚笃。安禄山是东北混血少数民族人，他常对玄宗说"臣生长若戎，仰蒙皇恩，得极宠荣，自愧愚蠢，不足胜任，只有以身为国家死，聊报皇恩。"玄宗甚喜。有一次见玄宗时正好皇太子在场，安故意不拜，殿前侍监喝问："禄山见殿下何故不拜。"安佯惊道："殿下何称？"玄宗微笑说："殿下即皇太子。"安复道："臣不识朝廷礼仪，皇太子又是什么官？"玄宗大笑说："朕百年后，当将帝位托付，故叫太子。"安禄山这才装作刚刚醒悟似地说："愚臣只知有陛下，不知有皇太子，罪该万死。"并向太子补拜，玄宗感其"朴诚"，大加赞美。

公元747年的一天，玄宗设宴。安禄山自请以胡旋舞呈献。玄宗见其大腹便便竟能作舞，笑着问："腹中有何东西，如此庞大。"安禄山随口答道："只有赤心。"玄宗更高兴，命他与贵妃兄妹结为异姓兄弟，安禄山竟厚着脸皮请求做贵妃的儿子。从此安禄山出入禁宫如同皇帝家里人一般，杨贵妃与他打得火热，玄宗更加宠信他，竟把天下一半的精兵交给他掌管。

安禄山的叛乱阴谋许多人都有察觉，并向玄宗提出。但唐玄宗被安禄山"卖傻装憨"所迷惑，将所有奏章看作是对安禄山的妒忌，对安禄山不仅不防，反而予以同情和怜惜，不断施以恩宠，让他由平卢节度使再兼范阳节度使等要职。

安禄山的计策得手，唐玄宗对他已只有宠信毫不设防，便紧接着采取"乘疏击懈"的办法，搞突然袭击。他的战略部署是倾全力取道河北，直扑东西两京长安和洛阳。这样，安禄山虽然只有10余万兵力，不及唐军一半，但唐的猛将精兵皆聚于西北，对安禄山毫不防备，广大内地包括两京只有8万人，河南、河北更是兵稀将寡，且平安已久，武备废弛，面对安禄山一路进兵，步骑精锐沿太行山东侧的河北平原进逼两京，自然是惊慌失措，毫无抵抗能力。因而，安禄山从北京起程到袭占洛阳只花了33天时间。

唐朝毕竟比安禄山实力雄厚，惊恐之余的仓促应变，竟也在潼关阻挡了叛军锋锐，又在河北一举切断了叛军与大本营的联系。然而无比宠信的大臣竟突然反叛，唐玄宗无比震怒，又被深深地刺伤自尊心，变得十分急躁。而孙子曰："主不可以怒而兴师，将不可以愠而致战。"安禄山的计谋足以使唐玄宗失去了指挥战争所必需的客观冷静，又怒又急之中，忘记唐朝所需要的就是稳住阵脚、赢得时间以调精兵一举聚歼叛军之要义，草率地斩杀防守得当的封常青、高仙芝，并强令哥舒翰放弃潼关天险出击叛军，哪有不全军覆灭、一溃千里的呢？

安军占领潼关后曾止军十日，进入长安后也不组织追击，使唐玄宗安然脱逃。可见安禄山目光短浅，他只想巩固所占领的两京并接通河北老巢，消化所掠得的财富，好好享受大燕皇帝的滋味，并无彻底捣碎唐朝政权的雄才大略。然而，就是这样一个目光短浅的无赖之徒，竟然把大唐皇帝打得溃退千里，足见"卖傻装憨"计谋的效力了。

这一段安禄山愚弄唐玄宗的故事尽人皆知，因为它颇具代表性——唐玄宗是何等精明的人物，曾以其雄才大略开创了开元盛世，竟至栽在安禄山这个"粗人"手里，以至一蹶不振，以半软禁的太上皇身份终老。究其原因，除了玄宗晚年的昏愦，再就是卖傻装憨这一迷惑术的巨大杀伤力。

有一位朋友曾讲述了他大学时期的一段经历。他在大学的一、二年级一直担任班长，同班有一位同学谢金是他的河南老乡。谢金外表憨直，说话大大咧咧，班上的男女同学都能跟他处得来，他跟谢金又是住同一宿舍，关系很不错。他心里早有个野心，大三时竞选系学生会主席。因为他心里从未把谢金当作"政治"上的对手，这方面的事情便毫无保留地告诉了他，并一再叮嘱他先不要透露。但是临近竞选前，奇怪的事情发生了，同学们都指责他暗中做手脚打击另一位参加竞选的同学，认为这样的"政客"不值得交往。他不得不找同学一个个谈心说明情况，最终他还是以微弱的多数当选。之后，系领导逐班征求对这次选举和当选人的看法时，多数人提出的是期望和祝愿，这时谢金突然站出来，拿出一沓材料力图证明他实在不能胜任此职，并声明自己没有别的意思，只是不想看到学生会的工作被一个不称职的人接管，在所有同学的目瞪口呆中，领导宣布此次选举无效。新的候选人名单很快公布了，谢金赫然名列其中，并最终当选为副主席。这位朋友说，直到现在他对当时好像后脑勺遭电击似的感觉仍记忆犹新。

其实，把生活中复杂的人际关系想象得过于简单的人才是真傻，相反，那些外表很傻、内里精明的人最能迷惑人，也最需要我们在他面前时刻保持清醒的头脑。

第五章　大众归心：
三两下让别人跟着你的节奏走

察人的最终目的是为了征服。一个真正有智慧的人，不但能够透过现象看本质，从里到外、由内及表的看清一个人，还可以通过正确地运用其智慧，灵活驾驭周遭的人和事，使其按照自身需要的模式运转。

捏住对手的软肋达成目标

一般而言，不管办什么事情其实都是对某种利益的追逐。而要在社会上获得某种利益，又必须保持一种相对稳定的利益平衡关系。就是说在利益问题上不能总一头热、一头沉，不能让对方一味地付出，而在付出之前或付出之后总能有所得，这种获得当然不限于物质上的，也包括精神上的、感情上的。所以，正是基于世界上这样一种利益平衡关系，人们才有了欲取先予的办事儿方法。

这种办事儿方法的守则是："欲取"的目标必须暂时隐藏不露，且在未露之前投其所好，先给对方甜头尝尝，待对方尝得高兴了，再顺势把自己"欲取"的目标提出来。因为对方先得到了甜头,不但心情好,而且还可能产生知恩图报的心理激发,在这种心理驱动下,很容易答应对方的请求。

中国人常说"吃人家嘴短"。一旦接受了人家的好处,占了人家的便宜,再拒绝人家的请求,就不那么好意思开口了。中国人重人情,讲面子,"滴水之恩必当涌泉相报",聪明人运用这一方法,几乎百试不爽。

清代著名书画家"扬州八怪"的代表人物郑板桥就曾被这种糖衣炮弹打中,吃了一次哑巴亏。

郑板桥擅长画竹、兰、石、菊,字写得也棒。他那幅"难得糊涂"的复制品,今天大街小巷仍随处可见,当时,慕名上门来求他字画的人不少,郑板桥也不客气,写了一张价格表贴在大门上,上面写道:

"大幅六两,中幅四两,小幅二两,条幅对联一两,扇子斗方五钱。凡送礼物、食物,总不如白银为妙;公之所送,未必弟之所好也。送现银则中(衷)心喜乐,书画皆佳。礼物既属纠缠,赊欠尤为赖账。"

明码标价,颇为痛快直爽。

不过,郑板桥恃才傲物,鄙视权贵,一些达官显贵想索求书画,哪怕推着装满银子的车来,也被拒之门外。

有位大富豪新盖了幢别墅,豪华富丽,但就是缺少点斯文气息。有人建议,何不弄两幅郑板桥的字画,往客厅里一挂,岂不就高雅脱俗了吗?

富豪一听,猛拍大腿,妙!拎着钱箱就往郑板桥家跑。名片递进去后,照例被挡在门外,理由无非是先生外出、不舒服、在练气功等,一连几次都是如此。

后来,大富豪与一位大官朋友闲聊时,偶提此事,大官说:"你怎么连郑板桥是什么人都不晓得?别说你啦,我想要他的画,要了好几年,都还没弄到手。"

大富豪一听，来了精神，夸下海口道："瞧我的，不出几天，定能弄几幅字画来，上面还要让他写上我的大名。"

于是，大富豪派手下人四处打探郑板桥的生活习惯和各种爱好。

这一天，郑板桥出来散步，忽然听见远处传来悠扬的琴声，曲子甚雅，不觉感到好奇，这附近没听说有什么人会奏琴呀？于是，循声而来，发现琴声出自一座宅院。院门虚掩，郑板桥推门而入，跟前的情景让他大感惊讶：庭院内修竹叠翠，奇石林立，竹林内一位老者鹤发童颜，银须飘逸，正在拂琴而鸣。哎呀，还不分明是一幅图吗？

老者看见他，立即戛然而止，郑板桥见自己坏了人家兴致，有点不好意思，老者却毫不在意，热情让他入座，两人谈诗论琴，颇为投机。

谈兴正浓，突然，传来一股浓烈的狗肉香，郑板桥感到很诧异，但口水已经忍不住要流下来。

一会儿，只见一个仆人捧着一壶酒，还有一大盆烂熟的狗肉，送到他们面前。一见狗肉，郑板桥的眼睛就粘在上面，老者刚说个"请"字，他连故作推辞的客套话都忘掉了，迫不及待地狂喝酒，猛吃肉。

风扫残云般地吃完狗肉，郑板桥这才意识到，连人家尊姓大名还不晓得，就糊里糊涂在人家这里大吃一通。现在酒足饭饱，总不能就这么一甩袖子，说声"拜拜"就走吧！

然而，又该怎么答谢人家呢？留点银子吧，不仅太俗，而且自己出来散步没带钱呀。于是，他对老者说：

"今天能与您老邂逅，实在是幸会，感谢热情款待，我无以回报，请您找些纸笔，我画几笔，也算留个纪念吧。"

老者似乎还有点不好意思，连声说："吃顿饭不过是小意思，何必在意！"

郑板桥以为他不稀罕书画，便自夸说："我的字画虽算不上极佳，但还是可以换银子的。"

老者这才找来纸笔，郑板桥画完，又问老者的名，老者报了一个，郑板桥觉得耳熟，但又想不起来是怎么回事，还在落款处题上"敬赠某某某"。看看老者满意地笑了，这才告辞离去。

第二天，这几幅字画就挂在大富豪别墅的客厅里，大富豪还请来宾客，共同欣赏。宾客们原以为他是从别处高价购买来的，但一看到字画上有他的大名，这才相信是郑板桥特意为他画的。

消息传开后，郑板桥简直不相信自己的耳朵。他又沿着那天散步的路线去寻找，发现那原来是座无人居住的宅院，这才意识到，自己贪吃狗肉，竟然落入人家的圈套，上当啦。

巧妙磨平谣言的伤痕

现代社会是情报化社会，想在情报化社会生存，必须抢先一步掌握正确的情报才行。

但是，不管是企业抑或个人，能力终究有限，不可能把每一项必要的情报合宜适时地掌握住。于是，一种专门出售情报的咨询行业应运而生，而且生意相当兴隆。现在情报变成"最有价值的商品"。

对于如此重大的改变，居然有许多职员竟漠不关心。所以，下面想花一点篇幅来谈谈情报这个东西。

情报可分为"客观的情报"与"有作用的情报"二种；后者又称之为"谣传"。不仅在各公司间，就连职员社会最感头痛难缠的，也是这个"谣传"。

大家都知道卑鄙的小人为了要消除自己的眼中钉，往往会制造一些莫须有的事实。但是，上当的人还是会有的。

谣言被奸雄利用，一传十，十传百，假的到最后被说成了真的样，老实人往往就在这种谣言的底下栽倒，吃哑巴亏。

在这里要提醒诸位读者，你的身边很可能存在有爱制造谣言的小人，所以，要想不授人以把柄，就必须注意自己的一言一行，让敌手无可乘之机。

接着，来谈谈听到对自己不利的谣言，应该如何处置。

如果该谣言是有目的的，必须彻底追究谣言的出处，与散播谣言者当面对质，应该纠正的就叫他纠正，并且要他当场谢罪。

但是，人往往都因"不爱互相揭疮疤"而避开与谣言制造者的争战，这种态度有两个错误。

其一，小人物本身就是互揭疮疤的小人。有意避开互揭疮疤之战的软弱人物，就应该及早退出办公室的竞争。

另外一点，谣言在反复散播之中会变为"事实"。不管谣言的内容为何，应该辩驳却不设法辩驳时，就真会变成谣传中的人，跳进黄河也洗不清了。逃避互揭疮疤的行为正合敌人的心意，不愿意让自己变得这么愚笨无知，就必须特别正视这一点。

下面为大家谈一桩巧妙地面对有关自己的恶毒谣言（这不是一般的谣

言，几乎是被描述为事实），但最后得以圆满解决，同时还大大地提高自身价值的人物事迹。

有个人因某种缘故，把早逝的朋友的女儿从小领来当养女。那个小孩被认为是坏孩子，大家都猜测她长大之后，不知道会变成什么样的人。

养父想把她教养成善良的女孩。但是，他的养女却突然离家出走，在××地因当三陪女而被拘留。

"为什么做出这种事？"

当民警这么问她时，她竟然回答：

"养母不在时，常被养父侵犯，心里觉得害怕就离家出走。"

这样的回答使情势一转，有家电台的采访人员，飞奔到养父家中寻求解释。

一般人想，他大概不会接受采访吧？会羞于面对自己所做的丑事而隐藏行踪。

但是，事情的发展却和常人想象的背道而驰。他堂堂正正地接受采访，一概否认养女所告发的事，并且这么说：

"做父母的往往都是被儿女背叛的。从儿女方面来讲，他们是在反抗父母、违逆父母的过程中长大的。但是，我的女儿自始就很听从我的话。虽然我把她当作亲生的女儿带大，她本身却意识到我们不是亲生父母而有所回避。没有注意到这一点是我的疏忽，对我而言，这是件相当痛心的背叛。但是，当我听到她对我的所谓告发，我发觉她对我已经没有了对亲生父亲一般的娇赖，这件事让我觉得我们的教育失败了！"

"那么你要原谅她的无知？""接下来怎么做？"对于采访者连珠炮式的质问，他这么回答道："不是原不原谅的问题，我们一直视她为真正的亲生女，不管一年或二年，我都会等待那孩子的归来。"

有位妇女听了电台访问，啜泣着说：

"真的是做儿女的不知父母心啊。但是，这个人的心胸真宽大，可怜天下父母心！"

如果躲避记者的采访，一定会被很多太太责骂为"真是不知廉耻的家伙！"但是这个人由于身正不怕影子斜，而敢在话筒前说明真相，所以反而得到了公众的理解，甩掉了身上的"黑锅"，赢得了大家的一致支持。

希望大家能够向这位善良的家长学习，不但不被恶意谣传所慑服，还能据此反败为胜。

用激将法让对方跟着你走

生活中常常有这样的人，他们很有能力，又不乏智慧，可是却软硬不吃。无论是用强硬的方式还是委婉的方式都不能打动他们分毫。这时候，就需要使用一些特殊的方法，而激将法，就是这些方法中非常行之有效的办法。

激将法是在对待一些非常人非常事的时候所使用的一种很特别的方法。尤其是对于那些在软硬兼施的攻势下都不为所动的人，这种办法往往很有效果。激将法并不陌生，在古典名著《西游记》中，就有关于激将法的精彩描述：凡人的唐僧看不出妖怪幻化出的人形，在孙悟空三打白骨精之后，出于误会一气之下将孙悟空逐回了花果山。可是，在他随着剩下的两个徒弟继续赶往西天取经的路上，又被妖怪抓进了洞里，情况很是危急。猪八戒只好去找孙悟空求助。被赶走的孙悟空正在气头上，自然不会理睬猪八戒的请求。猪八戒心生一计，对孙悟空说正是妖怪听到了他的名字才更加猖狂。这个办法果然奏效，孙悟空怒气冲冲的就去斩妖除魔了。

其实，在生活中我们也完全可以使用激将法。有些人虽然很优秀，很有能力和才华去做某事。但是，他们出于种种原因而不愿意去做某些事情。这时候，我们完全可以使用激将法来促使他们有所行动。一位老总到香港开会，来到一家珠宝店，对一只钻戒很感兴趣，准备买回去作为礼物。但嫌几十万港元的价格太贵，有些犹豫不决。接待小姐见此情形，笑着对他说："您真有眼光，昨天有位欧洲的王子也是一眼就看中了这只戒指，只是后来因为价钱贵就没买"。这位老总听后，马上掏出信用卡，买下了这枚昂贵的钻戒，而且还非常得意。激将法是一种反其道而行之的办法，是一种逆向的思维方式。它巧妙利用人们争强好胜、不服输的心理来激起对方的斗志。但是，激将法并不是可以随便使用的，有很多值得注意的事项。

（1）使用激将法要看准对象

激将法有一定的适应范围，一般说来，适用于那些社会经验不太丰富，冲动且容易感情用事的人身上。这类人对自己有自信，深信自己的能力，并且对感情和情绪缺乏一定的控制力。对于那些老谋深算、办事稳重、富于理智的人，激将法是难发挥作用的。三国时著名的军事家诸葛亮率兵10余万驻扎在渭水边上向曹魏宣战。对方派遣司马懿出兵抵抗。诸葛亮由于远征在外，劳师动众，急于进攻，可是司马懿却拒不出兵。为了激司马懿出战，诸葛亮派人给他送去女人的服饰羞辱他，讽刺他和妇人一样胆小。可是司马懿没有中计，竟然故意当着使者的面笑嘻嘻地穿上衣服表演了一番。诸葛亮真是棋逢对手，激将法并没有成功。由此可见，激将法固然高效，却要找准对象。如果盲目使用，没有看清人的性格，只能是白白浪费了精力。

同时，激将法也不宜于对于那些没有实力、做事谨小慎微、自卑感强而又性格内向的人。因为语言过于刺激，会被他们误认为是对他们的挖苦和嘲笑，并极可能导致他们的怨恨心理。

（2）使用激将法要讲究分寸

使用激将法还要讲究语言的分寸，既要激发起对方的情感，又要使对方的反应掌握在我们的意料之中。如果在使用时语言太过苛刻，甚至有些刻薄，是很容易使对方形成逆反心理的。可是如果语言力度不够，不痛不痒，则又很难激起对方的情感而产生我们想要的行动。因此，在使用激将法时，一定要注意言辞的分寸，既要防止过度，又要避免不及。小宋和小唐是同一家公司同一工作小组的成员。他们的小组正面临着一个很大的难题，可是小宋却退缩了，他想逃避困难。看到小宋的这种反应，小唐很着急，便想通过激将法来激起对方的斗志。于是他言辞激昂地指责小宋是个懦夫，这点挫折都克服不了，又怎么能做得了大事？期间还不时地拍着桌子。没想到小宋听后很生气，他马上起身愤怒地反驳，最后说了一句"既然我干不了，我不干了"便扬长而去。

小唐的激将法显然用得很失败，他的话说得太严重，没有注重小宋的心理底线，让小宋以为他是在挖苦讽刺自己，所以才会做出那样的反应。由此我们可以得到启示，在使用激将法时要仔细观察对方的反应，讲话要"恰到火候"，适可而止。有时候，明明刚刚的话语已经产生了作用，如果再继续说下去，则真的会变成讽刺和挖苦了。可是，如果对方刚刚有些反应，刺激的话语就停止了，也会造成对方已经燃起的热情很快冷淡下去。

（3）使用激将法要保持风度

使用激将法时，所用的工具是言辞，而不是态度，切不可为了激将而使自己情绪激动，这不仅让自己失去冷静，无法继续观察对方，甚至有可能影响自己的形象风度，让对方心生厌恶而拂袖而去。

赫鲁晓夫是前苏联的主席，也是一位风格独特的外交家。在谈判时，他经常脱下皮鞋来拍桌子，想以这种行为来恐吓和刺激对手，来达到激将的目的。但是，由于他不适宜的行为和过分的举止，使他的计划往往达不到目的。因为他的行为让对方感到的是色厉内荏的本质。

由此可见，在激将的同时，时刻注意自身的心态和形象也是非常重要的，恰当的表情和适宜的举止都能够增加激将法的效果。这就需要我们把握好分寸和运用好智慧。

激将法是一种很有效的方法，它巧妙地利用了人们的心理来达到目的。成功的运用激将法需要使用者的恰当把握和运用。在使用时，万不可心浮气躁，使自己的情绪激动而首先乱了阵脚。如果激将法没有成功，也要冷静对待，不能因此而情绪不稳。事实上，激将法不仅可以用于促使他人做出一些我们期望的行为，还可以用于扰乱对方的情绪和心态，使对方处于不冷静的状态，以便于我们观察对方的性格，或是利用其失控的状态达到我们的目的。

挠对方的痒痒肉

美国钢铁公司总经理卡里，有一次请来美国著名的房地产经纪人约瑟夫·戴尔，对他说："老约瑟夫，我们钢铁公司的房子是租别人的，我想还是自己有座房子才行。"此时，从卡里的办公室窗户望出去，只见江中船来船往，码头密集，这是多么繁华热闹的景致呀！卡里接着又说："我想买的房子，也必须能看到这样的景色，或是能够眺望港湾的，请你去替我物色一所相当的吧。"

约瑟夫·戴尔费了好几个星期的时间来琢磨这所相当的房子。他又是画图纸，又是造预算，但事实上这些东西竟一点儿也派不上用处。不料有一次，他仅凭着两句话和5分钟的沉默，就卖了一座房子给卡里。

自然，在许多"相当的"房子中间，第一所便是卡里及其钢铁公司隔邻的那幢楼房，因为卡里所喜爱的景色，除了这所房子以外，再没有别的地方能更好地眺望江景了。卡里似乎很想买其隔邻那座更时尚的房子，并且据他说，有些同事也竭力想买那座房子。

当卡里第二次请约瑟夫去商讨买房之事时，他却劝他买下钢铁公司本来住着的那幢旧楼房，同时还指出，隔邻那座房子中所能眺望到的景色，不久便要被一所计划中的新建筑所遮蔽了，而这所旧房子还可以保全多年对江面景色的眺望。

卡里立刻对此建议表示反对，并竭力加以辩解，表示他对这所旧房子绝对无意。但约瑟夫·戴尔并不申辩，他只是认真地倾听着，脑子中飞快地在思考着，究竟卡里的意思是想要怎样呢？卡里始终坚决地反对买那所旧房子，这正如一个律师在论证自己的辩护，然而他对那所房子的木料、建筑结构所下的批评，以及他反对的理由，都是些琐碎的地方，显然可以看出，这并不是出于卡里的意见，而是出自那些主张买隔邻那幢新房子的职员的意见。约瑟夫听着听着，心里也明白了八九分，知道卡里说的并不是其真心话，他心里实在想买的，却是他嘴里竭力反对的他们已经占据着的那所旧房子。

由于约瑟夫一言不发地静静坐在那里听，没有反驳他对买这所房子的反对，过了一会儿，卡里也就停下来不讲了。于是，他们俩都沉寂地坐着，向窗外望去，看着卡里所非常喜欢的景色。

约瑟夫讲述他运用的策略："这时候，我连眼皮都不眨一下，非常沉静地说：'先生，您初来纽约的时候，你的办公室在哪里？'他沉默了一会儿才说：'什么意思？就在这所房子里。'我等了一会儿，又问，'钢铁公司在哪里成立的？'他又沉默了一会儿才答道：'也在这里，就在我们此刻所坐的办公室里诞生的。'他说得很慢，我也不再说什么。就这样过了5分钟，简直像过了15分钟的样子。我们都默默地坐着，大家眺望着窗外。终于，他以半带兴奋的腔调对我说：'我的职员们差不多都主张搬出这座房子，然而这是我们的发祥地啊。我们差不多可以说都是在这里诞生的，成长的；这里实在是我们应该永远长驻下去的地方呀！'于是，在半小时之内，这件事就完全办妥了。"

并没有利用欺骗或华而不实的推销术，也没有炫耀许多精美的图表，这位经纪人居然就这样完成了他的工作。

原来约瑟夫·戴尔经过集中全部精神考察卡里心中的想法，并根据考察的结果，很巧妙地刺激了卡里的隐衷，使其内心的想法完全透露出来。他就像一个燃火引柴的人，以微小的星火，触发熊熊的烈焰。

约瑟夫·戴尔的成功，完全是因为他从两次与卡里的交谈中，琢磨出他心中的真正想法。他感觉到在卡里心中，潜伏着一种他自己并不十分清晰的、尚未觉察的情绪：一种矛盾的心理。那就是，卡里一方面受其职员的影响，想搬出这座老房子；而另一方面，他又非常依恋这所房子，仍旧想在这儿住下去。

卡里想在这所旧房子里住下去的理由，虽然他自己并不很清楚，但在局外人看来，却看得出，这座有着他所熟悉喜爱的景色的老房子，已经成为他生活的一部分，它能使他回忆起早年的创业和成功，因而充满"自尊心"，这就是在他潜意识中对这所老房子依恋的所在。

卡里想搬出这所房子的理由，也同样是很明显的，至少可以说，在我们看来是很明白的：他感觉到他不能将他的本心告诉给他的职员，使之成为部下的笑谈，因此，他实在是害怕他的职员们的反对。

约瑟夫·戴尔之所以能做成这桩生意，就在于他能研究出卡里的意思，并使他能用一个新的方法，来解决这个矛盾。

总之，要使别人与我们在任何事情上合作，第一，必须使他们自己情愿。而我们要达到让他们情愿这个目的，就只好去迎合他的兴趣，投其所好，唯有这样，我们才有从任何方式去影响、打动他的希望，使进行中的事情达到我们的期望。

应对最常见的四种人

社会上的人大致可以分为四种：内方外方，内方外圆，内圆外圆，内圆外方。和这四种人交往，应根据其秉性灵活应对。

第一种是内方外方的人。

典型代表：宋朝包拯，明朝海瑞。

内方外方的人喜欢直来直去，行事坦率，不会拐弯抹角，迎合他人。但他们很讲原则，刚正不阿；办事认真，敢做敢当。

同内方外方的人打交道，首先要以诚相待。他们也乐于和直爽的人交往，不喜欢那些口是心非、阳奉阴违、表里不一的人。其次，与他们相处也要讲究委婉。内方外方的人喜欢直来直去，往往不加变通，常常会使人难以接受。但一想到他们决无恶意，就大可放心。与他们交往也要灵活应对，免得硬碰硬、方对方，伤了和气。

第二种是内方外圆的人。

典型代表：洞明世事的诸葛亮、谦虚自律的曾国藩、汉初名将张良。

当直来直去会伤害别人自尊心时，当方方正正不能达到满意效果时，有些人会采用变通的策略。明明是正确的，应该义无反顾地坚持，但因为坚持的阻力太大，就采取了灵活变通的手法。他们将高度的原则性和高度的灵活性完美地结合在一起，是一种高超的态度。这些人，就是内方外圆的人。他们洁身自好，处世练达。既有原则性，又有灵活性。在复杂的人际、利益关系中，往往游刃有余。

同这种人物交往，首先要谦恭有礼、不卑不亢。内方外圆的人虽然表面随和，但内心却是厌恶粗鲁、仇视邪恶，无礼无理的人是不能和这类人结为至交的。如果想缩短同这类人的心理距离，就必须表现出你的积极、健康、向上的交往心态。耻于见人、低三下四的言行举止，尽量在这些人面前少出现，如此，才能得到这类人物的认同。其次要进退有度。内方外圆的人，即使对他人相当反感，也不会把不满情绪表现在脸上。他表面上对你很友好，但他的内心究竟如何却使你捉摸不透。因此，同他们交往，要讲究分寸，把握适度，不要因为他的脸上挂着微笑，就得寸进尺，忘乎所以。

第三种是内圆外圆的人。

典型代表：秦桧之类、三国曹操、清朝和珅。

生活中，有些人长于研究"人事"，偏重于个人私利。内圆外圆的人与内方外圆的人不同点是，他们一般不会同情弱者，救济穷人，甚至为了私利，还会算计人，歪曲人。这种人的代表，当属一些市井无赖，街头小人。由于他们缺少顶天立地的气概，而一旦得志，就会为害巨大，不得不防。

同这种人交往，首先要心存戒备。由于他们内心深处，并无什么必须遵守的做人规则，所以，可能干出表面华丽亮堂、实则损人利己的勾当。对他们的不当做法，应该明确指正，不要因为太爱面子，便不好意思将实情说出口，使自己受委屈；其次要保持距离，有所提防，不要过于相信他们。内圆外圆的人非常清楚自己的缺点，所以也害怕别人不讲义气，不守诺言，因此，和这样的人打交道，要清楚地示意他们：如果你讲信用，那么我就守诺言。在这种做法引导下，能够使他们在正确交际轨道上行驶。

第四种是内圆外方的人。

典型代表：罩着金色光环的贪官、奸臣、伪君子。

内圆外方的人内心黑暗，表面大度。满口仁义道德，实际上一肚子男盗女娼。因为搞言行两张皮，玩弄两面术，所以极具欺惑性。

对于内圆外方的人，不能被他们的表面所迷惑，要注意弄清他们的真实面目，做到心中有数。由于他们嘴上一套，心里一套，所以和他们打交道，既不能不听他们说的，又不能完全相信他们说的。如何交往，运用什么策略，采用什么方式，说出什么内容，要根据当时情况研究变通，切不可被他们的"精彩论述"迷住了双眼，进入了死胡同。与这类人交往，首要的任务是根据各个方面的信息，分析出他的真实内心，然后再对症下药，巧妙引导。如此的话，就能够把他们带到正确的交往轨道上来。

面对不同的人的脾气秉性、作风习惯，必须以不同的做事方法去应对。成事，首先需要的是看清人的智慧。

驾驭令人头痛的人物

现实生活中有些人会令你头痛，可这种头痛人物又无处不在，怎样应对这些人，首先要学会区分对付九种"头痛人物"。

（1）一点即燃的"导火索"

生活中这种人是随处可见的，他们性子急、脾气暴，常常会突然为一件不相干的小事情完全失控，大发雷霆。尽管事后他可能后悔莫及，希望时间能止痛治疗，但是疼痛的裂痕已深，而下一次，他仍然会再失控，以发脾气来赢得注意。

碰到这种状况，尽管你愤愤不平，千万不要以暴制暴，或默默怀恨在心。你要做的是控制局势，提高音量，或叫他的名字引起他的注意；以真诚的关心和倾听，打动他的心，当对方开始试图克制脾气时，你也要降低音量，减缓紧张气氛；找到触发风暴的原因，预防再度爆发，平时多聆听，是治本之道。

（2）"万事通"先生

"万事通"先生通常知识丰富，能力超群，勇于发表自己的看法，希望凡事都能按照他心目中的方式完成，不愿忍受怀疑歧视。

面对"万事通"先生，千万要按捺下你的不满和想辩论的冲动。沟通的目标应该是想办法让"万事通"先生能放弃自己的想法，接受新的观点。所以要准备充分，让他无法挑出你的毛病；怀着敬意重述他说的话，让他觉得你充分了解他的"英明"，这样他也能接受你的想法；了解他的顾虑或期望，并且据此提出你的想法，解除他的"武装"之后，再委婉地提出意见和看法；多用"或许"之类的字眼，以"我们"代替"我"的字眼，多用问句。

不要与"万事通"为敌，而要与他们搞好关系，你会发现，他们的知识和经验可能对自己很有帮助。

（3）优柔寡断的"或许先生"

在面临做决定的关键时刻，这种人总是迟疑不决，嘴巴老是嚷嚷"或许"、"很难说"。有决断力的人知道每个决定都有利有弊，"或许先生"却只看到每个方案的缺点和风险。所以一直拖延，直到错失时机。

对于这种优柔寡断的人，如果是你的上级，最好委婉地建议他早下决定，不要贻误时机；如果是你的同事，最好帮他放松，找到解决途径；如果是你的下属，就要让他明确自己的任务，以免误事。

（4）自以为是的"半瓶醋"

有这样一种人，生怕别人不知道他的本事，讨论事情的时候，他更是不停地发表他自以为是的"高见"。

面对这种人，要有同情心或耐心：首先，肯定他们的用心；假如你觉得他实在是不知所云，可以问几个问题，请他们阐述论点；以你的观点，实事求是地把事实讲清楚；放他们一马，不要让他们出丑栽面子，为他们找个台阶；委婉地说明夸大其词的不良后果，同时也肯定他们做对了的事情。

（5）秀口难开的"闷葫芦"

你碰到过这种闷不作声的人吗？任凭你打破砂锅问到底，他们总是缄默不语。

无论"闷葫芦"怎么三缄其口，你的目标就是说服他开口，做法是：眼睛注视着他，用期待和关注的眼神，问他开放式的问题，千万不要让他轻易就以"是"或"不是"的答案把你打发掉，多问"你在想什么"、"我想听一下你的意见"、"下一步该怎么办"之类的问题；轻松一下，来一点无伤大雅的幽默，笑声常常能打破僵局；如果他到这时候还是坚持沉默，那么就设身处地地想想到底发生了什么事，以及可能的后果，把你的想法说出来，观察对方的反应。

（6）暗箭伤人的"狙击手"

生活中常常有这样一些人，当你在前台发表你的见解或介绍新的点子时，不料，台下倏地放出一枝冷箭："我好像在一本书上看过这个点子！"

后果可想而知了，大家会用很诧异的眼光看着你，当然，对你说的话也就半信半疑了。

通常我们把这种以突然的评论或尖刻的嘲讽为手段，旨在出你的洋相的人称之为"狙击手"。因此，碰到这种人，我们首要的原则是内心尽量保持平静，先稳住阵脚，不要手忙脚乱、语无伦次，那样恰恰是上了别人的当了。你可以冷静地就此打住，找出"狙击手"，重述他刚刚说的话，直接发问："你是在哪本书上看到这个观点的？也许你有更好的想法？"建议对方："如果你这么想急于表现自己，我想还是走上台来，不必躲在台下畏首畏尾。"

（7）悲观泄气者

这种人成事不足，败事有余。往往会影响士气，拖大家的后腿。

面对悲观泄气的人时，你的目标是把焦点从挑毛病转为解决问题，从拒绝现状转为改善现状，把他们当资源，譬如他们的危机意识可以发挥绝佳的作用。将他们的观点变害为利也是一门艺术。

你也可以在还没来得及批评之前，就提出悲观意见，或许比他说的还灰暗。例如："你说得没错，简直毫无希望，即使是你，大概都解决不了这个问题，现在的当务之急是如何解决，这需要大家共同的努力。"

（8）满口应承的"好好先生"

这种人往往口至而实不至，口头答应的很好，就是光说不练，是个嘴把式。

像这种"好好先生"不喜欢冲突，他们希望与每个人都能和睦相处，但又缺乏某些方面的能力，最终弄得两头不讨好。这种人也有优点，那就是遇到危机的时候，他们的好话可能会打个圆场。面对这种人，你必须以耐心和爱心协助他只承诺能做到的事情，说不定他因此成为你的最佳搭档。

和他坦诚地讨论哪些是可以做得到的承诺，鼓励他老实说出自己的感觉；帮助他学会如何规划，认清完成一件工作必经的步骤和程序；让他清楚食言的后果等，事后给他适当的反馈，强化彼此的关系。

（9）牢骚大王

和牢骚满腹的人在一起，很让人厌烦，他们只知道埋怨出现的问题，却不知如何改善，总是这也不好，那也不好，没有一句好话。

因此，和牢骚大王相处要注意：对于这种人，要多听少说，即使表态，也要含糊其辞，免得煽风点火或打击他们的面子。吸取他们的牢骚中有用的成分，主导谈话，要让他们把问题说清楚，不要浪费大家的时间，把谈话焦点导向解决问题的方向，问他们："你到底能不能做得更好一些？"多考虑一下现实需要，如果他们还是不停地发牢骚，那么就直截了当地停止谈话，这种废话，不听也罢。

我们身边永远也不会缺乏令人头痛的人物，只是在某种场合和阶段遇到此一类型的多一些，而在另一场合或阶段遇到彼一类型的多一些。所以对于"头痛人物"不能采取躲的态度，只要认清他们、熟识了他们的特点，"头痛人物"也并不难降服。

善于应对不同类型合作者

如何与人合作关系到能否得到自己想要的合作结果。不是所有的合作者都是好搭档，关键是要学会应对不同类型合作者的种种策略。

（1）口蜜腹剑的合作者

如果这种人是你的同级同事，合作关系又不太深、不太广的话，最简单的应付方式是故作陌生。每天上班见面，如果他要与你接近，你就以工作忙等理由马上闪开，不给他任何接近的机会，能不和他合作的话，尽量敬而远之，万一真的无法避开这种合作关系的话，你就一定要小心谨慎，谈话只围绕着工作展开，不说不做任何与工作无关的事情。

如果他比你高一级，比如是你所在部门的负责人，你要假装糊涂，他让你做任何事情，你都唯唯诺诺满口答应下来。他客气，你要比他更客气。他笑着和你商量事情，你便笑着猛点头，万一你感觉到他要你做的事情太绝，你也不要当面拒绝和当场翻脸，虚与委蛇是上策。

（2）吹牛拍马的合作者

如果他是你的上一级的同事，他吹牛拍马对你没有什么危险，纵然你心里瞧不起他，也不宜表露，可适当地与他搞好关系。如果他与你同级，你就要多加小心，谨防得罪他，平时见面笑脸相迎，和和气气，你好我好大家好。如果你有意孤立他，或者找他的麻烦，他就很有可能不择手段地置你于死地。

倘若他是你的部下，你一定要冷静地对待他的故意逢迎，搞清他的真正意图。

（3）尖酸刻薄的合作者

尖酸刻薄型的人，是在单位里不受欢迎的一种人。他们的特征是和别人竞争时往往揭人短处，同时冷嘲热讽无所不至，让合作者的自尊心受损，颜面扫地。

这种人平常还以贬损同事、挖苦领导为乐。你不幸被领导批评了一顿，他会幸灾乐祸地说："这是老天有眼，罪有应得。"你和其他合作者发生矛盾，他会说："狗咬狗一嘴毛，两个都不是好东西。"你去批评部下，他知道了也会说："有人是恶霸，有人是天生的贱骨头。"

尖酸刻薄的人得理不让人，无事生非，由于他的这种行事作风，在单位是不会有任何知心朋友的。他之所以能够暂时生存下来，是因为别人不愿搭理他。若某天遭到众怒，定遭报应。

如果这类人是高你一级的合作者，你最好走为上策，但在事情还没有眉目之前，千万别让他知道，否则，他会予以打击。如果你们两个是同级合作者的话，最好的办法是和他保持距离，不要惹火上身，万一吃了亏，听到一两句刺激的话或闲言碎语，就装聋作哑，像没听见，切不可轻易动怒，否则会搞得很惨。

若他是你的部下，你得稍微多花点时间和他聊聊天，讲些人生积极的一面，告诉他做人厚道、仁义自有其好处。或许你付出的爱心和教诲，有时会有意想不到的收获。

（4）雄才大略的合作者

这类同事胸怀大志，眼界广阔，不会斤斤计较。他们在工作时，时刻不忘充实自己并广结善缘。除了完成自己的工作外，他们还不会忘记帮助与他合作的人。每到一个地方，无论他是否待多久，或成为集体中的正式领导，他都会发挥重大的影响。

雄才大略的人，见识往往异于常人，思维方式颇具特色，他在时机不成熟时可以长期忍耐，无论是卧薪尝胆或是忍辱负重，他都能欣然接受。

但是，时机一旦成熟，他会一鸣惊人，没有人能与之争锋。当然，不是每一个有雄才大略的人都能成就大事。但是，做人处事不卑不亢，不急不躁是他的本色。

如果他是你的主管，你应该庆幸自己跟对了人。要虚心地向他学习，搞好关系，否则到最后别人都受益匪浅而你却两手空空。若是同级，利益一致的话，大可共创一番轰轰烈烈的事业，若其有自己的打算，也不勉强。大可各自发展，各得其所。

若以上都行不通的话，你可以尽力帮助他，自己将来多少也留下识才的美名。

若他是你的部下，你应有自知之明，要知道日后他一定会超过你。你应该虚心地接纳他，给他实质性的帮助及肯定。这也是一种投资，到时候是一定有利的。

（5）愤世嫉俗的合作者

愤世嫉俗的人对社会上的不良风气非常看不惯，认为社会变了，人心不古世风日下，快活不下去了，并把自己的这种情绪带到工作当中来。

和这类同事合作，有其好的一面，因为如果他们对单位的某些制度、福利有意见时，往往会冲到最前面为大家谋些利益，而不惜牺牲自己。

但千万要注意，倘若你的某些行为或所具备的气质引起他的忌恨，那么，他会处处跟你过不去。这种人最大的特点就是爱走极端，所以，对付愤世嫉俗的合作者最好敬而远之，睁只眼闭只眼算了。

（6）敬业乐群的合作者

这种类型的同事由于工作态度和处理方法得当，颇受单位的肯定和合作者的赞赏。凡是他所在单位或群体，都会有着不错的成绩，这种合作者，会感染其工作同仁，使组织或部门朝着正确的方向发展，给其他同事带来一个合作而和谐的工作环境。

当单位顺利时，大家共同努力，有福同享；当单位不顺时，大家都紧咬牙关，奋发图强，有难同当，平时没事的时候，他会主动地训练新手，培养团体实力；工作忙的时候，他又能影响合作者，相互提携。

所以，这种类型的合作者，无论高你一级还是和你平级或是你的下属，在与他们相处时，你要学着和他们一样敬业乐群。如果你的表现不如他的话，你就会被比下去。从而在与合作者竞争时处于被动地位。

（7）踌躇满志的合作者

踌躇满志的人，事事都有主见。他之所以踌躇满志，是因为一直处在一种极顺的状态之下，使他不曾吃过失败的苦头，因此，也不怕失败，这种合作者不会随便接受别人的意见。如果你聪明的话，在没有利害冲突的情况下，不要与他计较。

如果他是你的主管，那么，你在他面前不要乱出点子，尽管照着他的意思去做，他会把他的意思明白地告诉你。因为他怕你笨，所以他会多下功夫。最后，再问你一次，懂了吗？等你回答懂了，他才放心。

有时，他也会很有礼貌地问你一下，对他的看法有没有意见？此时你要做的就是立即肯定。你若稍有犹豫或再多问上两句，都会被他小瞧几分。

和同级的此类同事相处，不能太顺着他，只有让他受到点教训，才能真正地改变及帮助他。

对这种类型的部下，要交给他一些极富挑战性的工作做。成功了，也不说什么，失败了，让别人去做，要让他明白人外有人，天外有天。

（8）佯装无能的合作者

佯装无能的人可能看起来很笨，连一些很简单的事都干不了，看得你都想过去帮他一把。

实际上，这恰恰中了他的计，他这一切只不过是"做戏而已"，目的在于偷奸耍滑，只要能不干就不干，以虚心请别人帮忙的态度把自己分内的事推给别人去做，即使出了事，也是别人的责任。

对待这类合作者的请求你应该委婉地拒绝，因为这种帮助是毫无止境的，有了一次就会有二次，三次……没完没了，到头来只能影响到自己的事情。所以，你应该对他说："对不起，我也很忙。"当然语气要自然而坦诚，他碰了一次"软钉子"后自然会知趣地走开。

合作的目的是为了成事，所以在合作的过程中要尽量了解对方的弱点和缺点，但不要死盯着这些弱点和缺点不放，而是有的放矢地从中找到避免矛盾激化、使合作更加顺畅的最佳切入点。

委婉地让对方自己明白

社会是复杂的。我们总会遇到一些不平之事，不公之人，又不能不去表达我们的不满；对自己亲近的人，有时候也需要巧加指责，让对方明白。但如何表达这种不满却有一定的学问,特别是对于一些非原则性的问题,要做到既能表达出对对方的不满,又不至于破坏和谐的人际关系,确实是不太容易。话里藏话、旁敲侧击不失为一个理想的武器。

(1)侧面点拨

即不做直言相告,而是从侧面委婉地点拨对方,使其明白自己的不满,打消失当的念头。这一技巧通常借助于问句的形式表达出来。如:A与B是一对好朋友,彼此都视对方为知己。有一次,本单位的青年C对A说:"A,我总觉得B这小子为人有点太认真了,简直到了顽固的地步,你说是不是?"A一听C的话顿生反感,心想:你这小子在背地里贬损我的好朋友缺德不缺德?但他又不好发作,于是假装一本正经地说:"C,我先问你,我在背后和你议论我的好朋友,他要是知道了会不会和我反目为仇?"C一听这话,脸"刷"地一红,不吭声了。这里A就使用了委婉点拨的技巧。面对C的发问,他没有直接回答"是"还是"不是",而是话题一转,给对方出了个难题,而这个难题又正好能起到点拨对方的作用,既暗示了"B是我的好朋友,我是不会和你合伙议论他的",又隐含了对C背后议论、贬损B的不满。同时,由于这种点拨较委婉含蓄,所以也不致让对方太难堪。

(2)类比警告

即以两种事物具有的某一相似点做比,暗示敬告对方言行的失当,使之明白自己的不满。例如:A公司的经理在一次业务谈判中,受到了B公司工作人员的顶撞。他气冲冲地给B公司的经理打电话说:"如果你们不向我保证,撤销上次那个蛮横无理的工作人员的职务,那么,显然是没有和我公司达成协议的诚意。"B公司的经理听了微微一笑说:"经理先生,对于工作人员的态度问题,是批评教育还是撤职处理,完全是我们公司的内部事务,无需向贵公司做什么保证。这就同我们并不要求你们的董事会一定要撤换与我公司工作人员有过冲突的经理的职务，才算是你们具有与我们达成协议的诚意一样。"A公司的经理顿时哑口无言。在这里，B公司的经理就很好地使用了类比敬告的技巧。虽然说AB两公司有很多不同之处，但有一点却是相似的，即AB两公司对工作人员或经理的处分完全是各公司内部的事务，与对方有没有诚意无关。B公司的经理就是抓住了这一相似点做比，从而敬告对方所提要求的过分和无理，表达了对态度蛮横的A公司经理的不满。需要说明的是：虽然这种技巧表达不满的语气也较明显，但它毕竟不像"直言相告"技巧方式那样带有警告的成分，所以称之为"类比敬告"，而不是"类比警告"。

（3）柔性敲打

有些女孩子喜欢动不动就生男友的气，以显示自己有个性。如果这个女孩是父母的掌上明珠，或是兄长的娇妹妹，就更是不能容忍别人对她的不满。有些痴情的男孩子因为自己的某句话引起女友的不快，生怕得罪自己的"公主"，会忙不迭地赔礼道歉，更有甚者会贬低自己请求原谅，以示对恋人的忠贞。其实大可不必如此。某局长的千金小徐和本单位的小李谈恋爱时总是显示出某种优越感。因为小李是农家子弟，大学毕业分在局里做科员，没有什么靠山。有一次小徐到小李家做客，对小李家人的一些生活习惯总是流露出看不顺眼的情绪，并不时在小李耳边嘀嘀咕咕。吃过晚饭把小姑子使唤得团团转，又是叫烧水又是让拿擦脚布什么的。小李看在眼里很不是滋味。他借机笑着对妹妹说："要当师傅先学徒弟嘛！你现在加紧培训一下也好，等将来你嫁到别人家里，也好摆起师傅的架子来。"小李这么一说，小徐当时似乎听出了什么，过后不得不在小李面前表示自己有些过分。小李不失时机地用"要当师傅先学徒弟"的俗话来提醒小徐，避免了直接冲突。即使对方当时略有不满，过后也会有所感悟的。

（4）幽默提醒

幽默是人际关系的润滑剂，有时利用幽默表达一下对对方的不满，也不失为一种好方法。有这样一则小幽默：在饭店，一位喜欢挑剔的女人点了一份煎鸡蛋。她对女侍者说："蛋白要全熟，但蛋黄要全生，必须还能流动。不要用太多的油去煎，盐要少放，加点胡椒。还有，一定要是一个乡下快活的母鸡生的新鲜蛋。"

"请问一下，"女侍者温柔地说，"那母鸡的名字叫阿珍，可合你心意？"

在这则小幽默中，女侍者就是使用的幽默提醒的技巧。面对爱挑剔的女顾客，女侍者没有直接表达对对方所提苛刻要求的不满，却是按照对方的思路，提出一个更为荒唐可笑的问题提醒对方：你的要求太过分了，我们无法满足，从而幽默地表达了对这位女顾客的不满。

另外，对怀有恶意之人，自不必拼个鱼死网破，打动草丛惊走这条蛇就可以自卫；那些粗鲁的家伙冒犯你，只需敲响山石吓跑老虎便可及时收手。置人于死地之事最好不做，做一个可方可圆之人，方能立足于世。

主动认错，让对方自己闭嘴

向他认错？可是我并没有错。如果你以这个思路看待这个问题，就陷入了挑剔，反挑剔，互相指责的怪圈，而双方都期待解决的问题、要办的具体事情反倒不可能完成了。一般而言，爱挑毛病的人因为习惯性思维，脑子里已先入为主地认为你注定要反驳，并早已做好了与你吵一架的准备。这时候你的主动认错会让他措手不及，不仅可能让他闭嘴，甚至由此他在面对你时再也不会挑三拣四。

有一位商业美术家，曾用主动认错的方法，得到了一位喜欢责骂的编辑的好感。他说："我认识一位美术主任，永远喜欢对小事找错。我常厌烦地离开他的办公室，并非因为他的批评，却是因为他攻击的方法。有一次，我交一件急货给这位编辑，他打电话叫我马上到他的办公室去，我一到就看出他仇视的目光，他极力找机会批评我，他急躁地质问我为什么如此如此做。我说：'先生，如果你说的是真的，那么我错了。对于过失，我绝不托词。我画图多年，应该知道如何做得好些，我自己觉得惭愧。'"

"他立刻开始为我辩护了：'是的，你是对的，终究这不是一个严重的错误，那不过是……'"

"我阻止了他，'无论什么错误'，我说，'都浪费钱，并且都使人讨厌。'"

"他开始插嘴，但我不让他说下去，我正高兴，我一生第一次批评我自己。"

"'我应当更小心，'我继续说，'你给我许多有价值的工作，你应得到最好的工作结果，所以我要将这画重画一次。'"

"'不！不！'他反对说，他称赞了我的工作，并诚实地对我说，他所要的不过是一个小的改动，我的小错对他的公司没有损失；而且，毕竟那不过是一个细微的地方。"

"我批评自己将他所有的怒气都消灭了。他最后请我吃午饭；在我们分手以前，他给了我一张支票，及另外一件工作。"

曾有一位做父亲的中年人多年来和儿子没有来往。这位做父亲的以前染上了鸦片瘾，但是现在已经戒除了。根据中国传统，年长的人一般不先承认错误，他认为他们父子要和好，必须由他的儿子采取主动。他对别人说他从来没有见过自己的孙子孙女，心里十分渴望和他的儿子一家团聚。但他觉得年轻人应该尊敬长者，并且固执地认为他不让步是对的。

后来，这位做父亲的认识到了自己的错误。"我仔细考虑了这个问题。"他说，"戴尔·卡耐基说：'如果你错了，你就应该马上坦诚地承认你的错误。'我早就该坦白地承认我的错误。我错怪了儿子，他不来看我，是完全正确的。我去请求晚辈原谅我，固然使我很没面子，但是犯错误的是我，我就应该承认错误。"听他这么说的人都为他鼓掌，并且完全支持他前去和儿子一家和好。最后，他终于带着歉意和真诚来到他儿子家里，请求并且很快得到了原谅。自此开始他和他的儿子、儿媳妇，以及终于见到面的孙子孙女建立起了良好的关系。

艾伯·赫巴是一位颇有争议，且具有怪异作风的作家，他那尖酸的笔触经常惹起强烈的不满，但是赫巴那少见的做人处世技巧，却常常将他的敌人变为朋友。

例如，当一些愤怒的读者写信给他，表示对他的某些文章非常不满，结尾又痛骂他一顿时，赫巴就这样回复：

仔细回想起来，我也不是十分满意自己，对于昨天所写的东西，今天也许已经有了变化，并且我自己也有些不满意。很高兴知道你对这件事的看法，下回你在附近时，欢迎光临寒舍，很愿意与您交换看法。谢谢你的真诚。

如果你是对的，你要温和地、巧妙地去得到人们对你的同意；当你是错的时候——如果你对自己诚实，你要当即真诚地承认自己的错误。这种方法不仅能产生惊人的效果，而且在很多情形之下，比为自己辩护更有收效。

不要忘了那句古训："用争夺的方法，你总难得到满足，但用让步的方法，你可得到比你期望的更多。"

退一步，后发制人

运用后发制人的策略，往往是先让对方动手，自己主动退让一下，然后再反击，以制服对方。由于后发制人是在对手已经有了行动，并且从一定意义上对自己构成了威胁之时的应变，因此，它是一种重要的临危应变术。

《荀子·议兵》云："后之发，先之至，此用兵之要术也。"后发制人的策略在军事上的运用很多。221年7月，刘备为报东吴杀害关羽之仇，亲自率领军队攻打孙权。孙权命陆逊率5万军兵迎敌。战争持续了几个月。到第二年2月，刘备重新组织兵力，沿江而下，向东吴发动了大举攻击。东吴军面对强敌，采取后发制人的策略，先让敌人一步，退至夷陵（湖北宜昌境内）一带。吴将陆逊领军与蜀军相持半年之久，待蜀军士卒疲惫、处于极为不利的境地时，陆逊集中优势兵力，进行决战，以火攻大败蜀军。

1812年6月，拿破仑亲自率领60万步兵、骑兵和炮兵组成的合成部队,向俄国发动进攻。俄国用于前线作战的部队仅 21 万,处于明显劣势。俄军元帅库图佐夫根据敌强己弱的局势,采取后发制人的策略,实行战略退却,避免过早地与敌军决战。在俄军东撤的过程中,库图佐夫指挥部队采取坚壁清野、袭击骚扰等种种方法,打击迟滞法军,削弱法军的进攻气势。9 月 5 日,俄军利用博罗季诺地区的有利地形,给予敌军以大量杀伤。接着,又将莫斯科的军民撤出,让一座空城给法军。10 月中旬,法军在莫斯科受到严寒和饥饿的巨大威胁,不得不撤退。此时,库图佐夫抓住战机,予以反击,将法军打得大败。60 万法军,幸存者只有 3 万人。

将计就计就是一种典型的后发制人术。顺着对手的计谋施计,使对手的计谋为我所用,或当对手用其计谋时,却落入我方的圈套,这就是将计就计的应急应变术。

将计就计的基点,是对对手的谋略有了充分的认识和了解,然后,佯顺其意,在对手的计上用计。公元前 506 年冬,吴军在孙武、伍子胥等指挥下,千里迂回,从楚国防御薄弱的北部边境深入楚地。吴军进至大别山一带时,先派先锋夫概出兵挑战,击溃了迎战的楚军。此时,孙武分析楚军主帅子常有侥幸取胜的心理,判断其必定在夜间前来劫营。于是,将计就计预先做了部署。果然,楚军想乘吴军立足未稳,夜袭吴军大营,这正好中了孙武的圈套。经过一场激战,不仅偷袭吴营的楚军被击溃,而且,楚军大本营也被事先安排的伍子胥、夫概等兵将所劫。

412 年,刘裕想剪除政敌刘毅,但一直没有好的办法。突然,刘毅上表请求调其本家兄弟、兖州刺史刘藩到江陵充当他的副手,刘裕觉得这是一个极好的机会,于是,刘裕将计就计,答应了刘毅的请求。当刘藩到石头城(江苏南京)拜辞时,刘裕将其抓了起来,投进了监狱。随即命手下部将王镇恶率领一支精兵,打着刘藩的旗号,以赴任为幌子,混过了刘毅下属的关卡，偷袭江陵，最后除掉了刘毅。

唐朝初年，窦建德率十余万大军进军洛阳，要救被唐军围困在洛阳的王世充。秦王李世民依靠虎牢之天险阻击窦建德的军兵。两军相持一个多月。李世民得知窦建德想等唐军粮草用尽而把马放到河北吃草时袭击虎牢，于是将计就计，率军北渡黄河，抵达广武（山西境内）南边，留下一千多匹马放牧于河边，以引诱迷惑窦建德。晚上便率军悄悄地赶回虎牢。窦建德果然中计，出动全部兵力进攻虎牢。李世民待窦建德军疲惫后，予以反击，大败窦军。

将计就计不仅在军事上被广泛运用，在政治斗争中，也是一条重要的应变之术。201年，曹操掌权不久，急需人才，便召司马懿出来做官。司马懿看出汉朝已国运衰微，朝权已落入曹操之手。他是大士族的后裔，而曹操乃宦官之后代，他不愿屈节事曹。于是，他以患风湿病不能起居为由，拒绝应召。曹操马上怀疑司马懿是借口推辞，对己不敬。为此，曹操派人扮作刺客前去查验。一天深夜，刺客悄悄潜入司马懿的卧室，暗中观察，见司马懿果然直挺挺地躺在床上。刺客仍不放心，挥刀向司马懿劈去。刺客暗想，司马懿如果是装病，见到利刀夺命，一定会匆忙招架。可是，司马懿只是睁开眼睛瞅了瞅刺客，身子仍然像僵尸一样一动未动。刺客这才信以为真，收起佩刀，回去向曹操禀报。其实，司马懿在刺客潜入卧室之时就已察觉，并且猜到是曹操派来打探其病况的。他十分清楚，如不露马脚，定会安然无恙；若露出破绽，必然死在刺客刀下。所以，司马懿将计就计，演出了这场惊险剧。年轻的司马懿蒙蔽了身经百战、向来机警的曹操，确非常人所能为之。

明朝韩雍在南蛮驻守时，有一个郡守要打探韩雍营寨的情况。一天，郡守准备了丰盛的酒菜，用一个大盒子装上，还把一个妓女也藏在盒子里，直接进献到韩雍的营帐中。韩雍见到抬进的大盒子，就猜到里面必有隐藏的东西。于是，他召请郡守入军帐，当面打开盒子，并让藏在盒子里的妓女出来献酒。酒毕，仍请妓女进盒子，然后把盒子还给郡守，使妓女随着郡守一起离开了营寨。韩雍将计就计除埋伏，既没有违郡守请他饮酒的好意，又若无其事地处理了郡守安插的探子，真可谓高明之举。

后发制人是一种效率极高的成事策略，但对一般人而言又是一种难以运用到位的高级智慧。第一，它要求你能够沉得住气，有一种做大事的气度；第二，它要求你具有善于应变的机智；第三，它还要求后发之时有对"前势"的充分把握。

总之，后发制人要求的是后发先至，追求的是一切尽在掌握的效果。

凡事都要给自己留条退路

在人际交往中，我们常常可以发现，有的人能够在交际圈内进退自如，而有的人却常常被动，进退维谷。其原因可能是多方面的。

《红楼梦》中的平儿，虽是凤姐儿的心腹和左右手，但在待人处世方面，始终注意为自己留余地、留退路，绝没有犯凤姐儿所说的"心里头只有我，――概没有别人"的错误，更不像凤姐那样把事做绝。平儿对下人决不依权仗势，趁火打劫，而是经常私下进行安抚，加以保护。一方面缓和化解众人与凤姐的矛盾，另一方面顺势做了好人，为自己留下余地和退路。凤姐死后，大观园一片败落，平儿却多次获得众人帮助渡过难关，终得回报。

历史的经验和文学名著中人物的结局都告诉人们一个道理：在待人处世中，万不可把事做绝，要时时处处为自己留下可以回旋的余地，就像行车走马一样，你一下走到山穷水尽的地方，调头就不容易了，你若留有一些余地，调头就容易多了。常言道："过头饭不可吃，过头话不可讲"，很有道理。另外，在大多数情况下要特别注意，才不可露尽，力不可使尽，在办任何事的时候，都要多用点"太极推手"的功夫，永远保留一些应变的能力。具体如何留余地，这里提出两大技巧：

在待人方面承诺别人时，注意使用"模糊语言"，以便自己赢得主动；在回绝别人时，不妨先拖延一下，最好不当面拒绝，答应考虑一下，给自己留点回旋的余地，以便使自己"进退有据"；在批评别人时，特别是有多人在场时，最好"点到为止"，以维护对方的自尊；在与人争论或争吵时，切忌使用"过头话"、把话说绝，给对方留个面子。

在处事方面，对一些不太好把握的事，千万不要急于表态，东拉西扯，多说点无关痛痒的话；对于不便回答的问题，那就先放一放，免得考虑不周说错了自己受牵连；对那些表面看来无关大局的事，也要含蓄地处理，巧妙地避开疑难之处，免得惹麻烦。另外，对于某些难以回答而又不好回避的问题，不妨含糊其辞，来一番模棱两可的回答，如"可能是这样"，"我也不太了解"等，以给自己留有余地。

做事情不能总想着一往无前，好的时候要想到坏的可能，进的时候要想到退时的出路，这样的人生才不至走进死胡同。